钻孔灌注桩后压浆技术理论与应用

ZUANKONG GUANZHUZHUANG HOUYAJIANG JISHU LILUN YU YINGYONG

张晓炜　黄生根　著

中国地质大学出版社

图书在版编目(CIP)数据

钻孔灌注桩后压浆技术理论与应用/张晓炜,黄生根著. —武汉:中国地质大学出版社,2007.11

ISBN 978-7-5625-2202-7

Ⅰ.钻…
Ⅱ.①张…②黄…
Ⅲ.钻孔灌注桩-技术
Ⅳ.TU753.3

中国版本图书馆 CIP 数据核字(2007)第 145239 号

钻孔灌注桩后压浆技术理论与应用

Zuankong Guanzhuzhuang Houyajiang Jishu Lilun yu Yingyong

张晓炜　黄生根　著

责任编辑:方　菊　　责任校对:张咏梅

出版发行:中国地质大学出版社(武汉市洪山区鲁磨路 388 号)　　邮政编码:430074

电话:(027)67883511　　传真:67883580　　E-mail:cbb @ cug.edu.cn

经　销:全国新华书店　　http://www.cugp.cn

开本:787 毫米×1092 毫米 1/16　　字数:190 千字　印张:7.125

版次:2007 年 11 月第 1 版　　印次:2007 年 11 月第 1 次印刷

印刷:中国地质大学印刷厂　　印数:1—1 000 册

ISBN 978-7-5625-2202-7　　定价:22.00 元

前　言

钻孔灌注桩的设计参数由于具有可根据结构及地层条件进行调节的特性以及受桩长、桩径的限制较小等优点，已成为高层建筑和桥梁的主要基础形式。特别是近年来，随着高层建筑荷载及桥梁跨度的不断发展，对承载力的要求越来越高，桩径和桩长也不断增大。目前，我国桥梁工程中最大桩长已达 125m，桩径达 3.0m，单桩承载力最高达 12 000t。

不过，钻孔灌注桩也存在一些难以克服的工艺性缺点，致使桩的承载力大幅降低，不能发挥其巨大的强度潜能，且使钻孔灌注桩的承载性能表现出很大的离散性，不仅造成资源的严重浪费，还大大降低了钻孔灌注桩工程质量的可靠性。桩越长、桩径越大，施工工艺本身存在的缺陷表现得就越明显，施工质量的可靠性也就越差。

为了保证桩的承载力达到要求或提高桩的承载力，采用后压浆技术是一种经济和可靠的方法。另外，后压浆技术可减少桩基施工的人为影响及施工质量的差异性，使桩基性能的可靠度得到提高，对确保工程质量具有重要意义。

后压浆技术以往主要应用于城市建设中的高层建筑，其桩径、桩长一般较小。近年来，随着工程实践的发展，超长大直径桥梁桩开始应用该项技术。如：杭州湾跨海大桥、苏通大桥等均取得了良好的效果。后压浆技术过去主要应用于持力层以砂土为主的建筑，但随着工程实践的发展，在黏性土中应用后压浆技术也取得了良好的效果。

目前，后压浆作用机理的理论研究远远落后于工程实践，一些问题还无法解释，如对超长桩进行桩端压浆可大幅提高其桩侧摩阻力，并成为桩的承载力提高的主要原因，等等。

本书是作者多年来对有关后压浆技术的理论研究和复杂工程应用的总结与归纳，希望有助于后压浆技术的完善和发展。

在本书的写作过程中，得到了诸多专家的支持和帮助，在此表示深深的谢意。

鉴于作者水平有限，难免有不妥之处，敬请读者批评指正。

作　者

2007 年 7 月

目 录

第一章 概 述

1.1 引言

钻孔灌注桩的承载性能与桩侧摩阻力和桩端阻力大小及作用特性有关,而桩侧摩阻力和桩端阻力的大小及作用特性除与土层条件、桩的几何尺寸等有关外,还受施工工艺的影响。施工工艺的影响主要有以下几个方面:①在成孔过程中,为维持孔壁稳定,避免出现坍塌和缩径现象,一般采用优质泥浆护壁。泥浆中的黏土颗粒在循环过程中吸附于孔壁,形成泥皮,从而起到保护孔壁的作用。但泥皮的存在,阻碍了桩身混凝土与桩间土的黏结,相当于在桩土间涂了一层润滑油,不同程度地降低了桩侧摩阻力。摩阻力降低的程度与泥皮的质量、厚度等有关,泥皮质量越好,厚度越大,摩阻力越低。②成孔后,地层中形成了较大的自由面,改变了地层的初始应力状态,桩周土体向孔中心产生不同程度的位移,引起地层侧压力的降低,使桩土间的法向应力减小,使桩侧摩阻力降低。③成孔过程中产生的钻屑与泥浆混合在一起形成悬浊液,当孔内循环终止时,就会不断产生沉渣,而要将孔内沉渣通过清孔全部带出至地表则比较困难或代价太大。特别是当孔内泥浆密度、黏度较大,清孔不彻底时,沉渣往往较厚。孔底沉渣的存在不仅降低端阻力,还对一定范围内的桩侧阻力产生弱化作用,因此,是影响钻孔灌注桩承载力的重要因素之一。④在孔内泥浆的浸泡下,桩周一定范围内土层的抗剪强度会降低,从而导致桩侧摩阻力的降低。以上影响因素具有很大的随机性,使钻孔灌注桩的承载性能往往表现出很大的离散性。有关试验结果表明,对同一个施工场地,相同结构的桩其承载力最大可相差两倍以上。这不仅造成资源的严重浪费,还大大降低了钻孔灌注桩的工程质量的可靠性。

为了保证桩的承载力达到要求或提高桩的承载力,除了选用合理的钻具、采用合理的工艺参数和加强质量管理外,可通过采用后压浆技术来改善桩的承载特性,从而达到上述目的。根据有关试验资料,后压浆对极限荷载的提高幅度一般在20%～150%之间,其技术经济效益是十分显著的。另外,后压浆可减少桩基施工的人为影响及施工质量的差异性,使桩基性能的可靠度得到提高,对确保工程质量具有重要意义。

由于该项技术在我国起步较晚,大多数施工单位对于后压浆的加固机理还缺乏足够的认识,加上目前国内尚没有统一的标准规范可以依据和执行,在应用过程中也往往都是凭借自身经验而自行制定适合本地区本部门的后压浆工艺操作规程和质量控制标准。由于大家对规范的理解和执行能力的不同,因而往往会造成施工质量的参差不齐,造成资源的浪费,严重的甚至会留下质量隐患,很不利于整个桩基工程施工质量的总体把握和控制。

目前,后压浆技术的应用还主要集中在城市建设,所涉及桩的直径和长度相对较小。随着国家基础设施建设投资规模的日益增大，公路桥梁建设中的大直径超长钻孔灌注桩基础对该项技术的应用，如杭州湾跨海大桥、苏通大桥等均取得了良好的效果。受施工工艺的限制，桩越长、桩径越大或施工时间越长，施工难度就会越大，也越容易出现各种质量问题。因此，如何在上部荷载基本不变的前提下及在技术条件允许的情况下尽可能地缩短桩径和桩长，这也是困扰设计人员的一个技术难题。

另外，后压浆技术以往主要应用于持力层以砂土为主的建筑，近年来，随着工程实践的发展，在黏性土中应用后压浆技术也取得了良好的效果。

但从总体上看，国内外对后压浆理论的研究远远落后于实践，后压浆作用机理的研究主要停留在有限的试验数据的统计分析上。国内外目前针对这类问题的解决办法，是进行专题的试验研究，虽取得了一定的成果，但还缺乏全面深入的认识和必要的理论。笔者结合一些典型工程的应用情况和得到的试验资料，对近年来的研究成果进行介绍。

1.2　后压浆分类

后压浆技术的基本原理是通过预先设置于钢筋笼上的压浆管，在桩体达到一定强度后（一般 7～10d），向桩侧或桩底压浆，固结孔底沉渣和桩侧泥皮，并使桩端和桩侧一定范围内的土体得到加固，从而达到提高承载力的目的。其工艺流程见图 1-1。

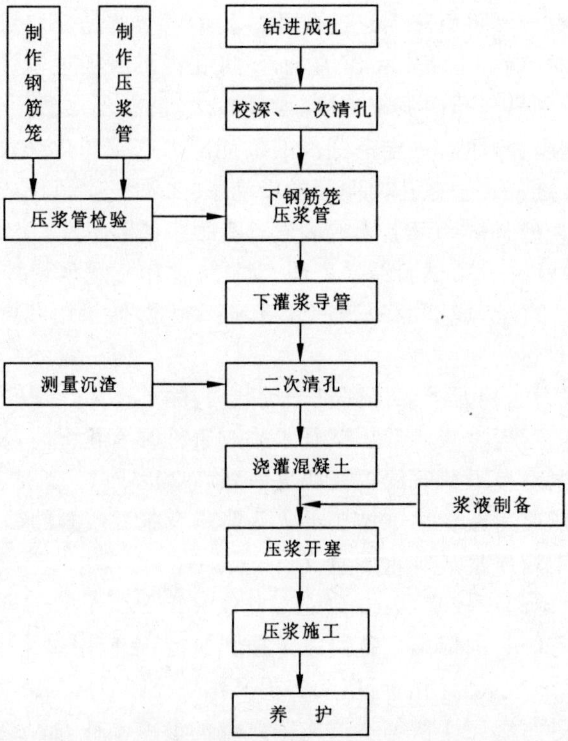

图 1-1　后压浆施工工艺流程

后压浆的类型很多，可分别按压浆工艺、压浆部位、压浆管埋设方式及浆液循环方式进行分类。

1.2.1 按压浆工艺分类

按压浆工艺可分为闭式压浆和开式压浆。

(1)闭式压浆。将预制的弹性良好的腔体(又称承压包、预承包、压浆胶囊等)或压力注浆室随钢筋笼放至孔底。成桩后通过地面压力系统把浆液注入腔体内。随着注浆量的增加，弹性腔体逐渐膨胀、扩张，对沉渣和桩端土层进行压密，并用浆体取代(置换)部分桩端土层，从而在桩端形成扩大头。

(2)开式压浆。连接于压浆管端部的压浆装置随钢筋笼一起放置于孔内某一部位，成桩后压浆装置通过地面压力系统把浆液直接压入桩底和桩侧的岩土体中，浆液与桩底桩侧沉渣、泥皮和周围土体等产生渗透、填充、置换、劈裂等多种效应，在桩底和桩侧形成一定的加固区。

1.2.2 按压浆部位分类

按压浆部位可分为桩侧压浆、桩端压浆和桩侧桩端压浆。

(1)桩侧压浆。仅在桩身某一部位或若干部位进行压浆。桩侧压浆的做法一般有两种：一种为直管法，在桩侧某一或多个部位设置 2～4 个压浆装置，形成多点源的桩侧壁注浆，装置如图 1-2 所示；另一种为环管法，在桩侧某一或多个部位设置压浆环管，环管外侧均匀分布若干个泄浆孔，形成环状的桩侧壁注浆，装置如图 1-3 所示。

图 1-2 直管侧压浆装置

环管法从理论上讲要比直管法效果好，浆液扩散更均匀，但根据工程实践，只要布置合理，两者的压浆效果差异不大。因为桩土间存在一个软弱区，即桩土界面在压力作用下，软弱区可

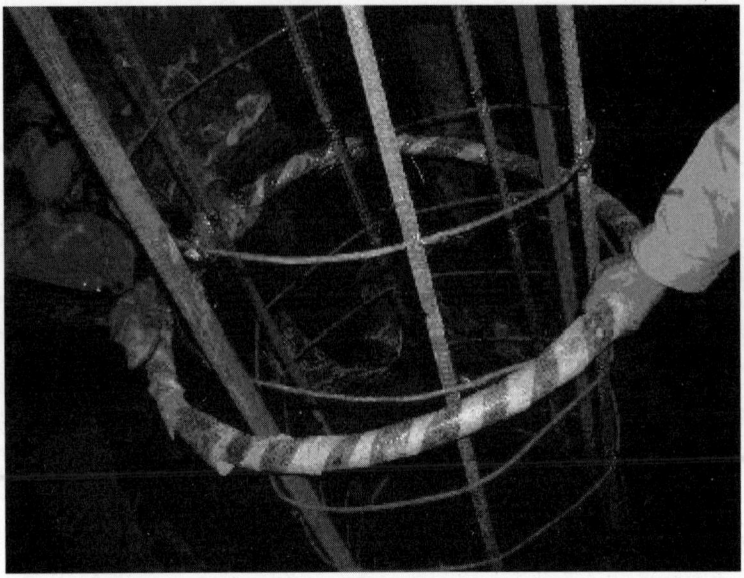

图 1-3 环管法侧压浆装置

形成一个贯通的环状压力源，而且根据多次地面试验，环管法的泄浆口往往只有部分能打开，其作用也相当于多点源。

(2)桩端压浆。仅在桩端进行压浆。桩端压浆的影响包括对桩端土的影响和对桩侧土的影响。

(3)桩侧桩端压浆。在桩身若干部位和桩端进行压浆。

1.2.3 按压浆管埋设方式分类

按压浆管埋设方式可分为桩身预埋管压浆法和钻孔埋管压浆法。

(1)桩身预埋管压浆法：压浆管固定在钢筋笼上，压浆装置随钢筋笼一起下放至桩孔某一深度或孔底。

(2)钻孔埋管压浆法：钻孔方式有两种，一种在桩身中心钻孔，并深入到桩底持力层一定深度(一般为 1 倍桩径以上)，然后放入压浆管，封孔并间歇一定时间后，进行桩底压浆；另一种是在桩外侧的土层中钻孔，即成桩后，距桩侧 0.2～0.3m 钻孔至要求的深度，然后放入压浆管，封孔并间歇一定时间后，进行压浆。

1.2.4 按压浆液循环方式分类

按压浆液循环方式可分为单向压浆和循环压浆。

(1)单向压浆。每一压浆系统由一个进浆口和桩端或桩侧压浆器组成。压浆时，浆液由进浆口到压浆器的单向阀，再到土层，呈单向性。压浆管路不能重复使用，不能控制压浆次数和压浆间隔。

(2)循环压浆，也称为 U 形管压浆。每一个压浆系统由一根进口管、一根出口管和一个压力注浆装置组成。压浆时，将出浆口封闭，浆液通过桩端压浆器的单向阀注入土层中。一个循环压完规定的浆量后，将压浆口打开，通过进浆口以清水对管路进行冲洗，同时桩端压浆器的单向阀可防止土层中浆液的回流，保证管路的畅通，便于下一循环继续使用，从而实现压浆的可控性。

1.3 国内外研究现状

1.3.1 后压浆技术的研究进展

根据有关文献，后压浆技术于 1961 年在委内瑞拉 Marracaibo 大桥中得到首次应用，该工程通过压浆盒对桩端进行注浆。1973 年 Bolognesi 和 Moretto 采用相同的装置(图 1-4)对 Parana 运河上几百根长 75m、直径 2m 的桥梁桩进行桩端压浆，采用净水泥浆液，浆液水灰比为 0.6，压浆间隔 12h，每一间隔的最终压浆量根据桩径的不同分为 500～1 000kg，直到最终的压力达到 10MPa，且维持 5min 或桩顶上抬量达到 20mm 为止。

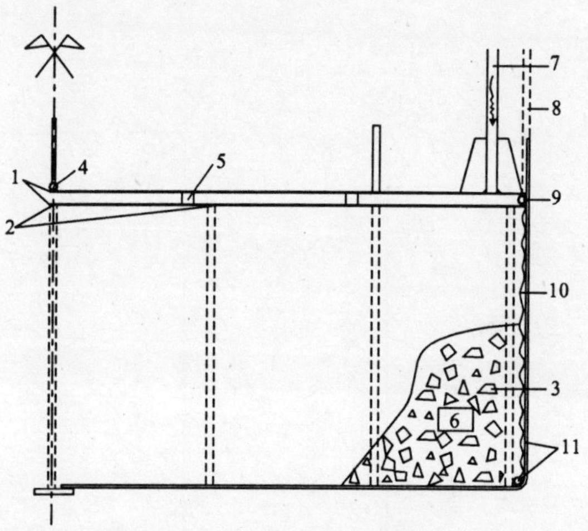

图 1-4 Parana 桩端压浆装置

1—64mm 厚的钢板；2—压浆孔；3—均匀的砾石；4—吊钩；5—定距块；6—篮子；7—直径 38mm 的压浆管；8—直径 30mm 的加强管；9—直径 25mm 的钢管；10—橡胶或氯丁橡胶垫；11—直径 14mm 的钢管

1975 年，Gouvenot 和 Gabaix 对 6 根直径 660mm、施工于砂土和黏土中的桩进行了试验，土层分布见图 1-5。压浆施工分三个阶段进行：初始阶段(浆液自重压力作用阶段)和进行压力注浆的第二和第三阶段。试桩试验与压浆施工相对应，分三次进行，试验结果见图 1-6 和图 1-7。

Gouvenot 和 Gabaix 在总结后压浆试验的效果后，得出以下结论：①极限承载力 Q_L 的提高幅度达到 2～3 倍；②屈服荷载 Q_F 的变化与极限承载力相同，且比值 Q_L/Q_F(1.3～1.6 之

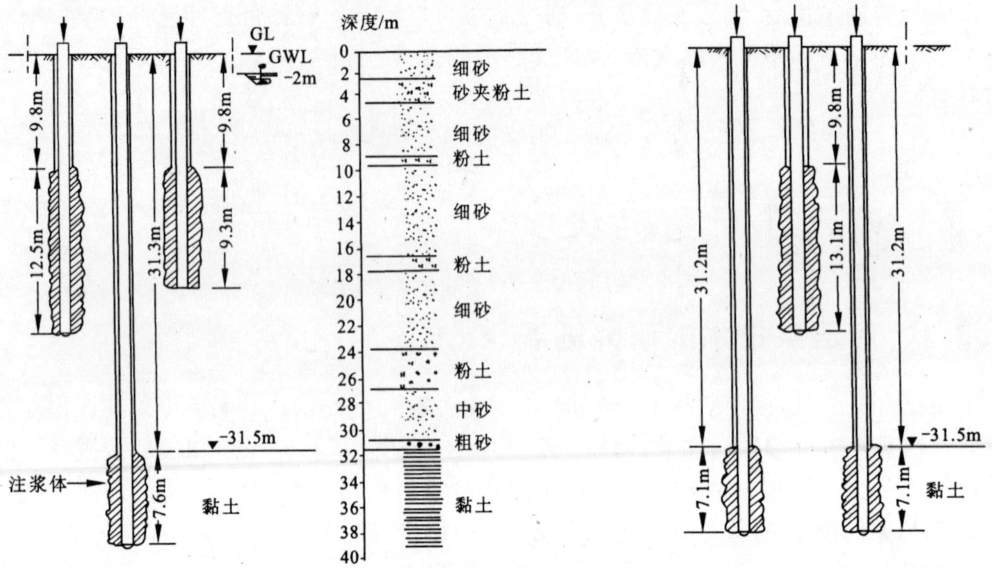

图 1-5 土层分布及桩的布置

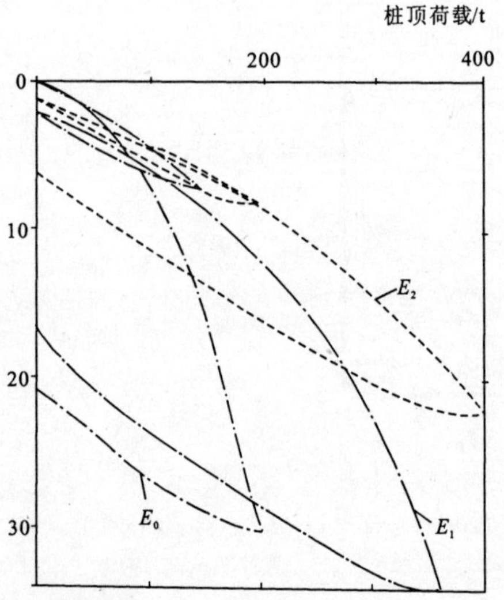

图 1-6 压浆后的 $p-s$ 曲线(砂土中)

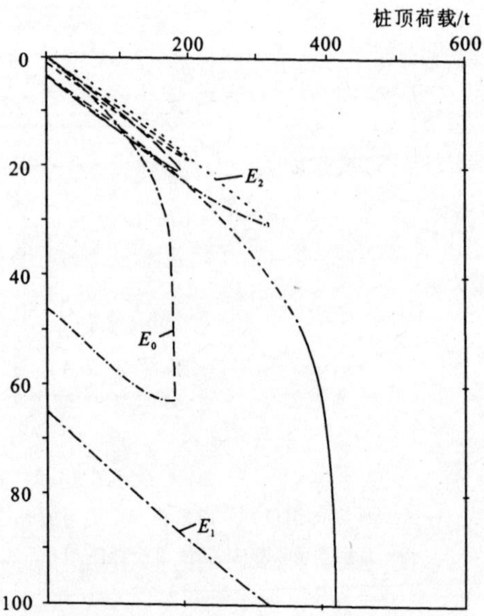

图 1-7 压浆后的 $p-s$ 曲线(黏土中)

间)与压浆影响无关;③在循环荷载作用下几乎没有残余变形;④极限承载力的提高幅度与 $\sqrt{\frac{(V+V_p)}{(V_0+V_p)}}$ 存在比例关系,见图 1-8,其中 V 为浆液体积,V_0 为桩的体积,V_p 为初始重力注浆消耗的浆液体积。

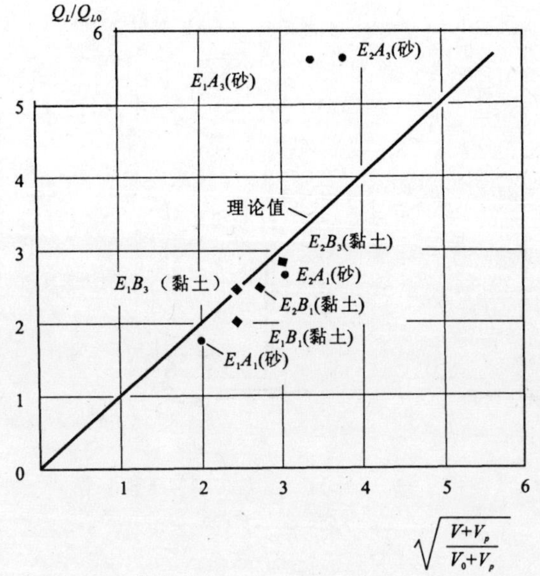

图 1-8 极限承载力与$\sqrt{\frac{(V+V_p)}{(V_0+V_p)}}$的关系曲线

英国曾在桥梁工程中应用桩底压浆技术，其灌注桩直径 2.0m，最大桩长 75m，在注浆施工中采用“压浆盒”装置，固定在钢筋笼的下端，一起下入桩孔中，在混凝土浇灌 2d 后，利用 2～4 根注浆管注入浆液，注浆压力为 2～10MPa。法国曾对后压浆钻孔桩的侧摩阻力的影响进行了试验研究，压浆后桩的极限承载力提高了 1～2 倍。德国 Biltingert Berger 公司曾进行桩侧、桩端后压浆试验研究，提出后压浆的方法有：压力腔法、压力箱法、压力柱塞法、喷射浆液法。试验结果表明，桩的承载力明显提高，沉降大大减小。

1983 年，M. F. Stocker 描述了一种袖阀管/压力腔组合压浆装置(图 1-9)，为了提高桩侧摩阻力，在桩身混凝土浇注 1～2d 后，以 5MPa 的压力进行压浆，若需要可重复进行。为了提高桩端阻力，间隔相同的时间，以 6MPa 的压力进行压浆。图 1-10 为直径 570mm 的桩在压浆前后的荷载-位移关系曲线，压浆后极限承载力提高 1 倍。

1984 年，Sliwinski 和 Fleming 报道了在中东某一场地对两根直径 1.5m 的桩，一根压浆，一根不压浆得到的对比数据见图 1-11。在相同的荷载作用下，压浆桩的沉降量为 8mm，而未压浆桩的沉降量为 60mm。压浆后承载性能得到明显改善。

另外，Sliwinski 和 Fleming 应用一种 U 形压浆管，对桩端进行压浆，试验结果见图 1-12。

1996 年，P. A. Thompson 介绍了 8 根采用不同压浆工艺形成的桩的试验结果，其中 3 根未压浆，1 根进行桩端压浆，2 根侧压浆，2 根桩端桩侧同时压浆，直径皆为 550～570mm，桩长 6m。侧压浆桩承载力比未压浆桩提高 50%～60%，桩端桩侧同时压浆桩承载力比未压浆桩提高 100%。

我国把后压浆技术应用于桩基础始于 20 世纪 80 年代初。1983 年，北京市建筑工程研究所在国内首先开发出预留注浆空腔方式的桩端压力注浆桩，并进行了室外试验。1988 年徐州市对一住宅楼桩基实施桩端后压浆试验，桩径 700mm，桩长 14.5m，极限承载力提高 110%。

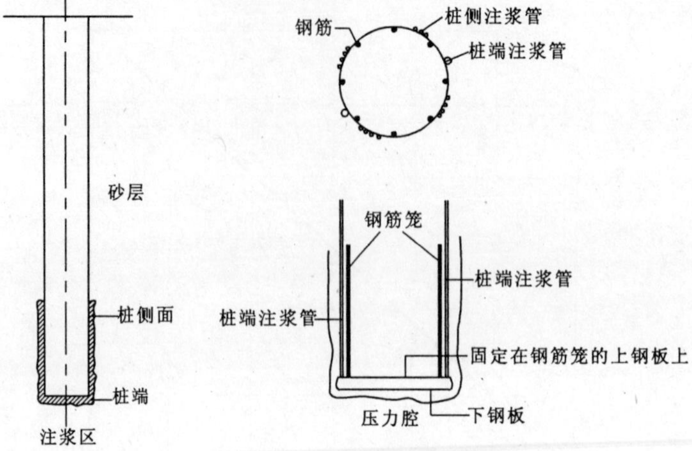

图 1－9　袖阀管/压力腔组合压浆装置

(Stocker,1983)

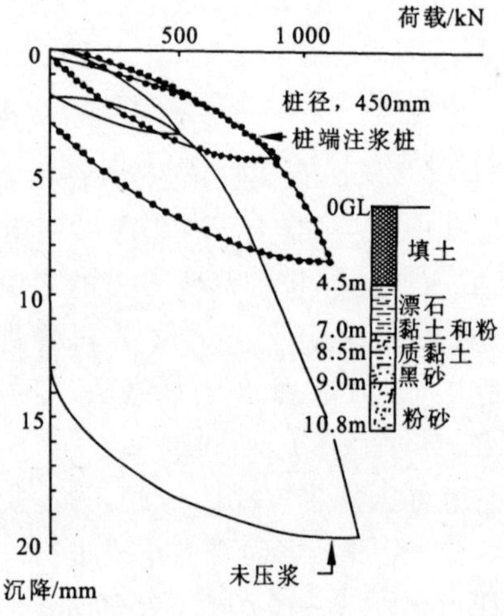

图 1－10　压浆前后桩的 $p-s$ 曲线

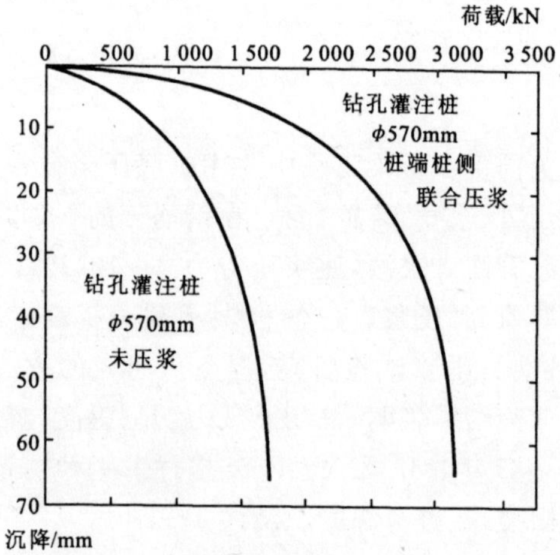

图 1－11　U 形管压浆前后桩的 $p-s$ 曲线

20 世纪 90 年代，国内许多地区均进行了钻孔后压浆试验，形成了比较完整的施工工艺，后压浆方法从桩端压浆发展到桩端、桩侧联合压浆；注浆装置也呈现出多样化的发展趋势，由最初的闭式，发展到开式注浆；由以往传统的一次性压浆，发展到循环注浆；由应用于中小直径的中短桩，发展到应用于超长超大直径的桩。2003 年，循环注浆工艺首次在国内应用于苏通大桥，通过对桩长 125m、直径 2.5m 的桩进行试验，取得成功，并应用于主塔基础。

1.3.2　后压浆对桩承载性能影响的研究进展

Bruce 通过统计分析得到一个极限承载力的提高幅度与浆液体积之间的比例关系。Osamu Kusakabe 采用室内模型实验研究，提出桩端固结体破坏形式与其尺寸间的关系。中国建筑科学院地基所对后压浆技术的应用作了大量工作，通过室内模型桩实验和现场试验，建

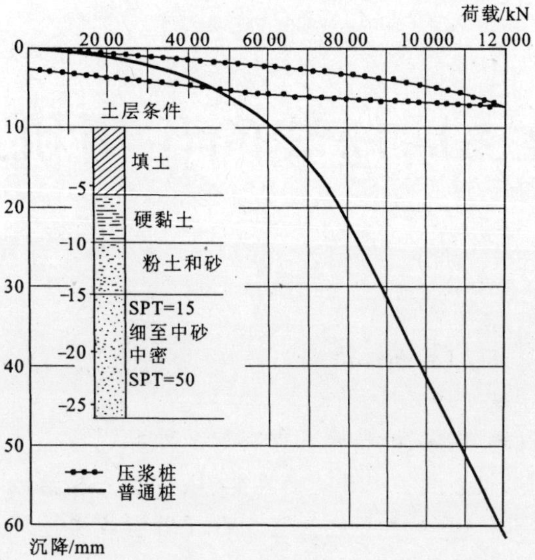

图 1－12 直径 1.5m 桩的 $p-s$ 关系曲线

立了压浆后承载力计算的经验公式。张在明将压浆视为小孔在桩端的扩张，推导出压力与土层参数的关系。胡庆立等通过建立桩土体系分析模型对桩底压浆桩成桩和压桩过程进行了模拟分析。张忠苗应用考虑应变软化的球(柱)孔扩张理论分析对桩底压浆进行分析，推导出极限扩张压力与土质参数之间的关系。黄生根等提出桩端压浆不仅可提高桩端阻力，还可改善桩周土和桩土接触面的性质，并应用圆柱体扩张理论对软土中浆液对桩侧阻力的作用机理进行了分析。

第二章 后压浆的作用机理研究

2.1 土层注浆机理分析

浆液在地层中往往以充填、渗透、挤密和劈裂等多种形式与土体相互作用，具体的作用方式随土层的物理力学性质、浆液的种类和流变性能、压浆工艺及参数等变化，并相互转化或并存，如在渗透过程中存在劈裂现象、在压密过程中存在劈裂或渗透现象、在劈裂过程中存在渗透现象。但在一定条件下，浆液总是以某种运动方式为主，在渗透性很大（$k>10^{-1}$ cm/s）的砂土中，一般以渗透作用为主，在渗透性小（$k<10^{-5}$ cm/s）的黏性土中，主要以劈裂作用为主。

2.1.1 渗透注浆

一般渗透注浆的必要条件是满足可注性条件。对于粒状介质，可注性用可注比来表示，即

$$D_{15}/D_{85}\geqslant 15$$

$$D_{10}/D_{95}\geqslant 8$$

式中：D_{15}、D_{10}——地层土颗粒在颗粒分析曲线上与15%、10%对应的直径；

D_{85}、D_{95}——注浆材料在颗粒分析曲线上与85%、95%对应的直径。

可注比并不是一项普遍适用的准则，注浆效果受细粒含量和颗粒级配的影响，因此一般可根据表2-1来判断可注性和浆液种类。

表2-1 可注性评价表

有效直径 D_{10}/mm	细粒含量/%	渗透系数/(cm/s)	注浆评价
>0.5		$>10^{-1}$	可注水泥浆
0.5～0.2	<12	$10^{-2}\sim10^{-3}$	易注化学浆液
0.2～0.1	12～20	$10^{-3}\sim10^{-4}$	适度可注化学浆液
<0.1	20～25	$10^{-4}\sim10^{-5}$	难注化学浆液

浆液在地层中的流动规律与流变性能有关。若不考虑时间影响，按浆液流变性能的不同可将浆液分为牛顿流体和非牛顿流体。在非牛顿流体中，又以宾汉流体最为常见。牛顿流体的流变曲线通过原点，流动过程中的剪切应力与流速梯度成正比。而宾汉流体的流变曲线不通过原点，具有初始剪切应力（又称静切力）。因此，宾汉流体比牛顿流体具有更大的流动阻

力，在相同的条件下，牛顿流体比宾汉流体扩散得更远。水泥浆由牛顿流体转变为宾汉流体的临界水灰比接近于1，见图2-1。水灰比大于1时，为牛顿流体；水灰比小于1时，为宾汉流体。在实际工程中常用的水灰比在0.5～0.8之间，属宾汉流体范围。

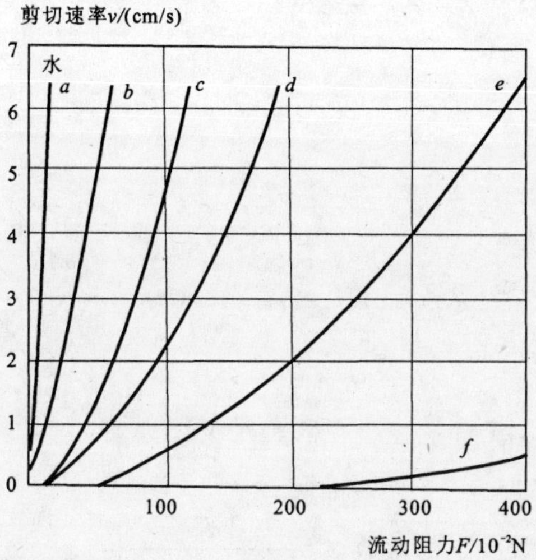

图2-1　水泥浆流动曲线

a—水；b—$W/C=1$；c—$W/C=0.5$；d—$W/C=0.66$；e—$W/C=0.55$；f—$W/C=0.45$

1. 牛顿流体的渗透公式

(1)牛顿流体的球面扩散公式。Maag假设浆液为牛顿流体，浆液从注浆管底端注入地层，注浆源为点源，浆液在地层中呈球状扩散。推导出以下公式

$$r=\sqrt[3]{\frac{3k\cdot h_1\cdot r_0\cdot t}{\beta\cdot n}}$$

式中：r——浆液的扩散半径，cm；

k——砂土的渗透系数，m/s；

h_1——注浆压力水头，cm；

r_0——注浆管半径，m；

t——注浆时间，s；

β——浆液黏度与水黏度之比；

n——砂土孔隙率，%。

(2)牛顿流体的柱面扩散公式。若注浆源为点源，浆液在地层中呈柱状扩散，其扩散半径表达式为

$$r=\sqrt[3]{\frac{2k\cdot h_1\cdot t}{n\cdot\beta\ln(r/r_0)}}$$

2. 宾汉流体的渗透公式

以下推导宾汉流体在地层中的渗透公式。

(1)宾汉流体的柱面扩散公式。渗透微分方程为

$$dp = -\frac{Q}{A_g \cdot k_g} \cdot \frac{dr}{r} \tag{2-1}$$

宾汉流体在粗颗粒中的渗透系数

$$k_g = \frac{M}{A \cdot \mu[1 + B \cdot C(1/v)]} \tag{2-2}$$

式中：$M=\frac{n^{0.1}d_0^4}{1.2D_0^2}$；

d_0——孔隙直径，mm；

n——孔隙率；

D_0——土颗粒直径，mm；

A_g——渗透过流截面积，m^2；

A——常数，由实验确定；

B——常数，$B=\tau_0/\mu$；

τ_0——初始剪切应力，kPa；

μ——塑性黏度，Pa·s；

C——由介质几何参数决定的常数，$C=\frac{d_0^3}{3.2n^{0.3}\cdot D_0^2}$；

v——渗透速度，$v=Q/A_g=Q/2\pi ar$，cm/s；

a——线源长度，cm；

r——浆液扩散半径，cm。

由(2-1)式、(2-2)式可得

$$p_r = p_0 - \frac{A\mu}{M}\left[\frac{Q}{2\pi a}\ln(r/r_0) + B \cdot C(r - r_0)\right] \tag{2-3}$$

由

$$t = \frac{\pi an}{Q}(r^2 - r_0^2)$$

当 $r \gg r_0$ 时，r_0^2 忽略不计，取 $r=R$，$t=T$，则得

$$R = \sqrt{\frac{Q}{\pi an} \cdot T} \tag{2-4}$$

$$p_R = p_0 - \frac{A\mu}{M}\left[\frac{Q}{2\pi a}\ln(R/r_0) + B \cdot C(R - r_0)\right] \tag{2-5}$$

(2)宾汉流体的球面扩散公式。在式(2-1)和式(2-2)中取 $A_g=4\pi \cdot r^2$，则得

$$p_r = p_0 - \frac{A\mu}{M}\left[\frac{Q}{4\pi}\left(\frac{1}{r_0} - \frac{1}{r}\right) + B \cdot C(r - r_0)\right] \tag{2-6}$$

由

$$t = \frac{4\pi n}{3Q}(r^3 - r_0^3)$$

当 $r \gg r_0$ 时，r_0^2 忽略不计，取 $r=R$，$t=T$，则得

$$R = \sqrt[3]{\frac{3Q}{4\pi n} \cdot T} \tag{2-7}$$

$$p_R = p_0 - \frac{A\mu}{M}\left[\frac{Q}{4\pi}\left(\frac{1}{r_0} - \frac{1}{R}\right) + B \cdot C(R - r_0)\right] \tag{2-8}$$

2.1.2　劈裂注浆

根据实验，劈裂注浆是一个先压密后劈裂的过程。

1. 劈裂注浆的三个阶段

浆液在土体中流动分为三个阶段：鼓泡压密阶段、劈裂流动阶段、被动土压力阶段。

(1)鼓泡压密阶段。刚开始注浆，浆液所具备的能量不大，不能劈裂地层，浆液聚集在注浆管孔附近，形成椭球形泡体挤压土体。随着浆液的不断注入，泡体向四周发展，或上下泡体相互连通。该阶段压力-流量曲线的初始部分吃浆量少，而压力增长快，说明土体尚未裂开，曲线中的第一个峰值压力即为启裂压力，启裂压力前的曲线段称为鼓泡压密阶段。

(2)劈裂流动阶段。当压力大到一定程度，达到启裂压力时，浆液在地层中产生劈裂流动，劈裂面发生在阻力最小的小主应力面。当地层存在已有的软弱破裂面，先沿着软弱面劈裂流动，当地层比较均匀时，初始劈裂面是垂直的(图 2-2)，劈裂压力与地基中小主应力及抗拉强度成正比，劈裂流动阶段的基本特征是，压力值先是很快降低，维持在一低压值左右摆动，但是由于浆液在劈裂面上形成的压力推动裂缝迅速张开，而在裂缝的最前端出现应力集中，所以这时压力虽然低，却能使裂缝迅速发展。

(3)被动土压力阶段。裂缝发展到一定程度，注浆压力又重新上升，地层中大小主应力方向发生变化，水平向主应力转化为被动土压力状态(即水平主应力为最大主应力)，这时需要有更大的注浆压力才能使土中裂缝加宽或产生新的裂缝，出现第二个压力峰值，由于此时水平向应力大于垂直向应力，地层出现水平向裂缝，如图 2-3 所示。被动土压力阶段是劈裂注浆加固土地基的关键阶段，垂直劈裂后大量注浆，使小主应力有所增加，缩小了大小主应力之间的差别，提高了土体的稳定性。浆脉网的作用是提高土体的法向应力之和，并提高土体的刚度。

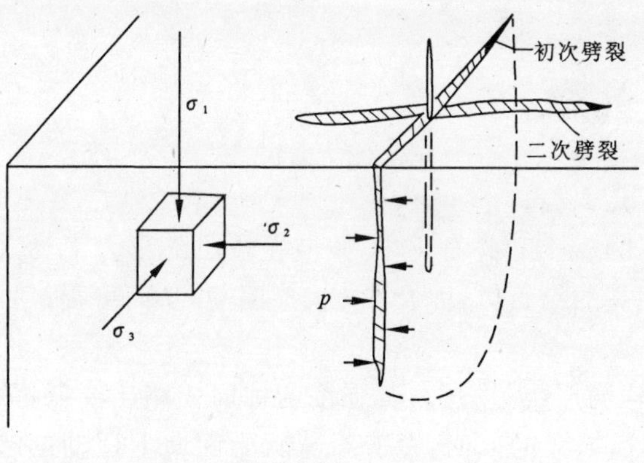

图 2-2　土中的应力与劈裂面

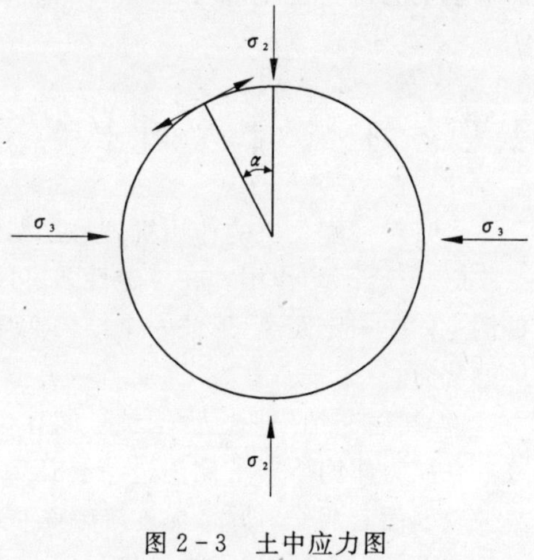

图 2-3　土中应力图

2. 劈裂注浆机理的力学分析

最先发生的劈裂为纵向劈裂，应用弹性力学原理可推导出其起裂压力。

图 2-3 为桩周土中的应力图，在主应力 σ_2 的方向偏 α 角的平面上，孔壁面切线方向拉力

σ_l 为

$$\sigma_l = (\sigma_2 + \sigma_3 - p_0) - 2(\sigma_2 - \sigma_3) \cdot \cos 2\alpha \tag{2-9}$$

当 $\alpha=0$ 时，σ_l 最小，即

$$\sigma_l = 3\sigma_3 - \sigma_2 - p_0 \tag{2-10}$$

当 $\sigma_l<0$ 时，土中出现拉应力。设土体的抗拉强度为 σ_t，则纵向劈裂压力为

$$p_e = 3\sigma_3 - \sigma_2 + \sigma_t \tag{2-11}$$

将土体视为均匀半无限空间，则上式可表示为

$$p_e = 2\sigma_3 + \sigma_t \tag{2-12}$$

由于土体为弹塑性体且为各向异性，发生劈裂的实际情况比较复杂，上述计算公式只能作为一种近似计算。即使在劈裂阶段，浆液对土体的挤密作用也是存在的，因此劈裂压力并不影响浆液对土体挤密位移的计算。

2.1.3 压密注浆

压密注浆是用极稠的浆液，通过钻孔挤向土体，在注浆处形成球形浆泡，浆体的扩散靠对周围土体的压缩，浆体完全取代了注浆范围的土体，在注浆邻近区存在较大的塑性变形带；离浆泡较远的区域土体发生弹性变形，因而土的密度明显增加。压密注浆的注浆压力对土体产生挤压作用，只使浆体周围土体发生塑性变形，远区土体发生弹性变形，而不使土体发生水力劈裂。

压密注浆过程中，刚开始注浆，浆柱的直径和体积较小，压力主要是径向的也就是水平方向。对非饱和土挤密较明显，对饱和土，浆泡先引起超孔隙压力，待孔隙压力消散后土的密度才会提高。浆柱体的形状在均匀地基中是球形和圆柱形，在不均匀地基中，浆柱大都呈不规则形状，浆液总是挤向不均匀地基中的薄弱土区，从而使土体的变形性质均一化。浆柱体的大小受地基土的密度、含水量、力学特性、地表约束条件、注浆压力、注浆速率等因素控制。

2.2 压浆对桩侧土的影响机理

压浆对桩侧土层的作用机理可总结为以下几方面。

(1)渗透固结作用。在渗透性强、可灌性好的砂土和碎石土中，浆液在较小的压力下渗入桩侧土体中一定距离，形成一个结构性强、强度高的结石体，增大桩侧的摩阻力，从而可提高桩的承载力。

(2)挤密充填作用。由于桩土间存在一个软弱层(泥皮层)，其强度与桩周土相比要低，故浆液在压力作用下对桩侧土进行挤压，使在桩径扩大的同时，总有沿着软弱面向上运动的趋势。软弱面有两个，即桩-泥皮接触面和泥皮-桩周土接触面。浆液在压力作用下首先克服任一软弱面的阻力，像楔子样沿桩身向上运动，并对泥皮层和桩侧土体进行挤密，甚至破坏泥皮结构。浆液充填于挤密后产生的空隙，固结后形成强度高的水泥结石，相当于增大了桩的直径。浆液上升的高度与软弱层的厚度、强度、土的可灌性、注浆压力、流量等因素有关。在可灌性好的土层中，浆液在土层中容易扩散，浆液压力较小，则沿桩土界面上升的高度较小；在可灌性差的土层中，浆液在土层中不易扩散，浆液压力较大，上升高度也大；软弱层的厚度越大，浆

液流动受到的阻力越小，上升高度相应也大。

土体受到压力作用后，孔隙水压力增大，压浆完成后，随着孔隙水压力的消散，桩周土体因压密而强度提高。泥皮在浆液的强烈挤压甚至破坏作用下，产生强制固结，强度大幅提高，形成一个薄硬层；由于软弱面有两个，薄硬层既可能存在于外侧，也可能存在于内侧，形成一个夹层，见图 2-4 和图 2-5。

图 2-4　薄硬层(在外侧)

图 2-5　薄硬层(在内侧)

图 2-6～图 2-9 为现场试桩后不同深度的桩截面变化情况。离地面 12m 处(离注浆点 9.5m)桩的半径普遍增大约 5cm，少部分达到 10cm；离地面 9m 处(离注浆点 12.5m)桩的半径普遍增大约 2～3cm；离地面 6m 处(离注浆点 15.5m)桩的半径增大约 0.5cm。

图 2-6　地面下－6m 桩截面图

P. A. Thompson 所介绍的 8 根试验桩中，1～4 号桩采用全套管钻进工艺，5～6 号桩未用套管，采用膨润土泥浆钻进工艺。载荷试验后，进行了开挖测量，结果见表 2-2。对于采用相同钻进工艺的 1～4 号桩，桩端压浆后(1 号桩)，桩径比未压浆桩增大 1.8%；桩端桩侧压浆

图 2-7 地面下一12m 桩截面图

图 2-8 地面下一9m 桩截面图

图 2-9 地面下一6m 桩截面图

后(3 号桩和 4 号桩),桩径比未压浆桩增大 5.8%～6.1%。6 号桩在桩端桩侧压浆后,桩径比未压浆桩增大 14.7%。

表 2-2 桩径测量结果

桩号	理论桩径/mm	压浆工艺	实测桩径/mm			增大比例/%
			最小值	最大值	中间值	
1	570	未压浆	570	595	580	1.8
2	570	桩端	585	600	590	3.5
3	570	桩侧	580	640	605	6.1
4	570	桩侧	580	660	603	5.8
5	570	未压浆	605	650	628	10.2
6	570	桩端桩侧	625	690	654	14.7

(3)劈裂加筋作用。当注浆压力较高，浆液在对土体产生挤压的同时，还会克服土体阻力，产生劈裂效应，浆液在土中形成网状结石，对土体起到加筋作用。图 2-10 为某试桩桩侧压浆的桩土界面形状，从中可观察到由劈裂产生的浆脉，但数量不多且很零散。

图 2-10　劈裂产生的浆脉图

压浆对桩侧土层的作用机理是一个很复杂的问题，是多种因素混合作用的结果，在不同的条件下，起主导作用的因素具有不同的形式。在渗透性强的土层中，一般中砂以上，在灌浆速率较小的情况下，以渗透扩散为主，作用机理主要表现为桩作用面积的增大。在其他土层中，以挤密充填作用或挤密充填作用与渗透作用的共同作用、或挤密充填作用与劈裂作用的共同作用为主。作用机理主要表现为桩周土抗剪强度的提高和法向应力的增大。

2.3　压浆对桩侧土层作用机理的理论分析

2.3.1　浆液上升高度计算

根据上述分析，浆液在软弱层中的运动可归纳为：软弱面破坏—浆液上升—挤压—再破坏—再上升—再挤压的过程，并且从开挖情况来看，整个环状截面基本是均匀分布的。因此，浆液在软弱层中的运动实际上是一个流体在轴向环空中的运动问题。为了方便分析，假定浆液在软弱层中的运动是先流动上升，再产生挤压作用。从而将此过程分解为两个问题，即浆液上升的计算问题和圆柱扩张问题。本节先讨论浆液上升的计算问题。

图 2-11 为浆液在轴向环空中的受力示意图。设桩的半径为 r_0，软弱层厚度为 b，ρ_c 为浆液的密度，在流场中某一点 $X(r,\theta,z)$ 处取一长度为 $\mathrm{d}z$、厚度为 $\mathrm{d}r$ 的流体微元薄筒进行分析。在流体达到稳定时，微元薄筒在 z 方向所受外力达到平衡，其表达式为

$$
\begin{aligned}
&2\pi r\mathrm{d}r\cdot p+2\pi r\mathrm{d}z\cdot\tau_z-2\pi(r+\mathrm{d}r)\cdot\left(\tau_z+\frac{\mathrm{d}\tau_z}{\mathrm{d}r}\mathrm{d}r\right)\mathrm{d}z\\
&\quad-2\pi r\mathrm{d}r\left(p+\frac{\mathrm{d}p}{\mathrm{d}z}\mathrm{d}r\right)-2\pi r\mathrm{d}r\mathrm{d}z\cdot\rho_c g=0
\end{aligned}
\tag{2-13}
$$

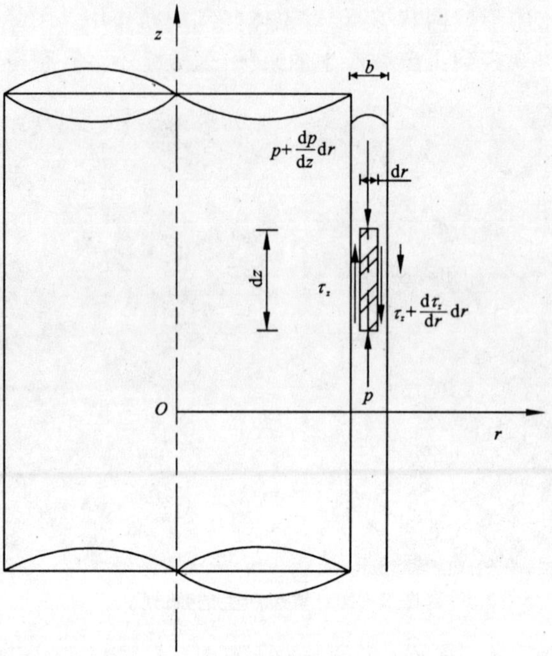

图 2-11 轴向环空流受力示意图

将上式展开，并略去高阶项得

$$\frac{dp}{dz}+\frac{1}{r}\tau_z+\frac{d\tau_z}{dr}+\rho_c\cdot g=0 \tag{2-14}$$

宾汉流体的流变方程为

$$\tau=\tau_0+\eta\cdot\frac{dv}{dr} \tag{2-15}$$

式中：v——流场中的剪切速率；

τ_0——宾汉流体的剪切屈服强度，Pa。

边界条件为

$$r=r_0+b/2,\tau=0;r=r_0,v=0;r=r_0+b,v=0$$

由(2-14)式求解得

$$\tau=-\frac{r}{2}\left(\frac{dp}{dz}+\rho_c g\right)+\frac{c_1}{r} \tag{2-16}$$

由 $r=r_0+b/2,\tau=0$ 及(2-16)式可得

$$\tau=c_1\cdot\left[\frac{1}{r}-\frac{r}{(r_0+b/2)^2}\right] \tag{2-17}$$

将上式代入(2-15)式并由 $r=r_0,v=0;r=r_0+b,v=0$，可得

$$c_1=\frac{\tau_0\cdot b}{\ln\left(1+\frac{b}{r_0}\right)-\frac{b}{r_0+b/2}} \tag{2-18}$$

将(2-18)式代入(2-17)式，并令 $\frac{b}{r_0}=R_h$，可求得最大上升高度的表达式

$$p - p_c = \left[\gamma_c + \frac{2\tau_0 b}{r_0^2[R_h - \ln(1+R_h)]}\right] \cdot z \tag{2-19}$$

式中：p——出浆口压力，kPa；

p_c——软弱面的起裂压力，kPa；

γ_c——浆液重度，kN/m^3，$\gamma_c = \rho_c g$，地下水位以下取浮重度。

p_c 值可按下式确定

$$p_c = k_0 \cdot \gamma \cdot z + \sigma_{cl} \tag{2-20}$$

式中：k_0——桩周土的侧压力系数；

γ——土的重度，kN/m^3；

z——土中某一深度，m；

σ_{cl}——软弱层与桩或土间的抗拉强度，kPa。

2.3.2 桩周土的扩张问题

浆液在上升过程中对桩周土产生挤压，由于桩长一般远大于桩径，特别是长桩和超长桩长径比更大，故可将其作为平面应变问题，按轴对称圆柱孔扩张问题来考虑。

图 2-12 为一圆柱孔在均匀压力 p 作用下扩张的情况。圆柱孔的初始半径为 r_0，随着浆液压力的增大，孔径逐渐扩大，扩孔后的半径为 r_u。当压力增加到一定值时，孔周围将由弹性状态进入塑性状态，从而出现塑性区，塑性区最大半径为 R_p，在半径 R_p 以外的土体仍保持弹性状态。

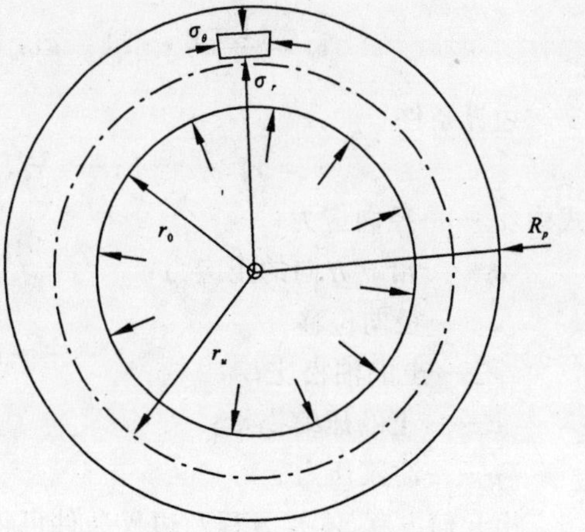

图 2-12　圆柱孔扩张示意图

1. 桩周土临塑荷载

根据圆柱孔扩张理论，在应力轴对称状态下，浆液压力在桩周土层中引起的应力为

$$\sigma_r = A/r^2 + 2C_1 \tag{2-21}$$

$$\sigma_\theta = -A/r^2 + 2C_1 \tag{2-22}$$

式中：σ_r、σ_θ——径向和环向的应力分量，kPa。

A、C_1——系数。

当 $r \to \infty$ 时，$\sigma_r = \sigma_\theta$，得

$$C_1 = 1/2\sigma_0$$

式中：σ_0——初始应力，kPa。

$$\sigma_0 = k_0 \cdot \gamma \cdot z$$

式(2-21)和式(2-22)相加可得

$$\sigma_r + \sigma_\theta = 2\sigma_0 \tag{2-23}$$

随土中应力的增大，桩周土将首先在 $r = r_0$ 处进入塑性状态，此时应满足摩尔-库仑破坏条件

$$\sigma_\theta = \sigma_r \cdot \frac{1-\sin\varphi}{1+\sin\varphi} - 2c \cdot \frac{\cos\varphi}{1+\sin\varphi} \tag{2-24}$$

式中：c——黏聚力，kPa；

φ——内摩擦角，(°)。

联立(2-23)式和(2-24)式，解得

$$p_{ep} = \sigma_0(1+\sin\varphi) + c\cdot\cos\varphi \tag{2-25}$$

式中：p_{ep}——桩周土的临塑荷载，kPa。

当 $p<p_{ep}$ 时，桩周土处于弹性状态；当 $p>p_{ep}$ 时，桩周土处于弹塑性状态。

2. 桩周土处于弹性状态

轴对称问题，桩周土平衡方程式可表示为

$$\frac{\partial\sigma_r}{\partial r} + \frac{\sigma_r-\sigma_\theta}{r} = 0 \tag{2-26}$$

几何方程为

$$\varepsilon_r = -\frac{\mathrm{d}u}{\mathrm{d}r} \tag{2-27}$$

$$\varepsilon_\theta = -\frac{u}{r} \tag{2-28}$$

本构方程为

$$\varepsilon_r = \frac{1+\nu}{E}\cdot[(1-\nu)\sigma_r - \nu\cdot\sigma_\theta] \tag{2-29}$$

$$\varepsilon_\theta = \frac{1+\nu}{E}\cdot[(1-\nu)\sigma_\theta - \nu\cdot\sigma_r] \tag{2-30}$$

边界条件

$$r=r_0,\sigma_r=p;r=r_0,u=u_0 \tag{2-31}$$

式中：σ_r——径向应力；

σ_θ——沿 θ 方向的正应力；

u——径向位移；

ν——土的泊松比；

E——土的压缩模量；

p——注浆压力。

由几何方程、本构方程及边界条件可得

$$\frac{u_0}{r_0} = \frac{1+\nu}{E}[p-\sigma_0] \tag{2-32}$$

或

$$u_0 = \frac{1+\nu}{E}[p-\sigma_0]\cdot r_0 \tag{2-33}$$

式中：u_0——桩土界面的位移。

浆液对桩周土进行挤密产生位移后，充填于其间，故 u_0 即相当于桩径增大的部分。

3. 桩周土处于弹塑性状态

当浆液压力增加到一定值，桩周土中将出现塑性区，土体服从 Mohr-Coulomb 破坏准则。

求解式(2-24)及平衡方程式(2-26)，并由 $r=r_0+u_r,\sigma_r=p$，解得

$$\sigma_r = (p+c\cdot\cot\varphi)\cdot\left(\frac{r_0+u_r}{r}\right)^{\frac{2\sin\varphi}{1+\sin\varphi}} - c\cdot\cot\varphi \tag{2-34}$$

式中：u_r——桩土界面的位移。

将 $r=r_p$，$\sigma_r=p_{ep}$ 代入(2－34)式，并取 $r_0+u_r\approx r_0$，经变换得

$$r_p=\left(\frac{p_{ep}+c\cdot\cot\varphi}{p+c\cdot\cot\varphi}\right)^{-\frac{1+\sin\varphi}{2\sin\varphi}}\cdot r_0 \tag{2-35}$$

根据孔的体积变化等于弹性区的体积变化加上塑性区体积的变化，得

$$\pi(r_0+u_r)^2-\pi r_0^2=\pi(r_p+u_p)^2-\pi r_p^2+\pi[r_p^2-(r_0+u_r)^2]\cdot\Delta \tag{2-36}$$

式中：Δ——塑性区平均体积应变。

略去高阶项后，整理得

$$u_r=\frac{2r_p\cdot u_p+(r_p^2-r_0^2)\cdot\Delta}{2r_0\cdot(1+\Delta)} \tag{2-37}$$

将(2－32)式中 u_0、r_0 分别换成 u_p、r_p，则得弹塑性边界的位移值为

$$\frac{u_p}{r_p}=\frac{1+\nu}{E}[p-\sigma_0] \tag{2-38}$$

将式(2－35)、式(2－38)代入式(2－37)，可得桩土界面位移值的表达式

$$\frac{u_r}{r_0}=\left(\frac{p+c\cdot\cot\varphi}{p_{ep}+c\cdot\cot\varphi}\right)^{\frac{1+\sin\varphi}{\sin\varphi}}\cdot\left[\frac{1+\nu}{E}\cdot(p-\sigma_0)+\frac{1}{2}\Delta\right]-\frac{1}{2}\Delta \tag{2-39}$$

2.3.3　桩侧摩阻力的变化

孔壁在扩张过程中，会引起桩周土超孔隙水压力的上升。注浆施工结束后，超孔隙水压力随时间而逐渐消散，桩周土体中的有效水平应力增长，土的抗剪强度增大，桩侧摩阻力提高。

桩侧摩阻力用有效应力法可表示为

$$q_{su}=\sigma'_v\cdot k_0\cdot\tan\delta=\sigma'_h\cdot\tan\delta \tag{2-40}$$

式中：σ'_v——平均竖向有效应力；

δ——桩土间外摩擦角，可取 φ'；

σ'_h——平均侧向有效应力。

假定压浆一段时间后，超孔隙水压力已经消散，桩周土完成了固结，则桩侧摩阻力增量可表示为

$$\Delta q_{su}=\Delta\sigma'_h\cdot\tan\delta \tag{2-41}$$

式中：$\Delta\sigma'_h$——桩侧平均侧向有效应力增量，$\Delta\sigma'_h=\eta_p(p-\sigma_0)$，$\eta_p$ 为压力折减系数。

2.4　压浆对桩端土层的作用机理

压浆对桩端土层的作用机理也可归纳为渗透固结作用、挤密充填作用和劈裂加筋作用。桩端压浆的浆液一部分作用于桩端土体，另一部分作用于桩端以上一定范围的桩侧土体。以下只讨论对桩端土体的作用原理。

(1)渗透固结作用。在渗透性强、可灌性好的砂土和碎石土中，浆液在较小的压力下渗入桩端土体中一定距离，形成一个结构性强、强度高的结石体，增大桩端的承载面积，从而可提高桩的承载力。

(2)挤密充填作用。钻孔灌注桩孔底存在沉渣,由于其强度极低,浆液可以很容易地破坏其结构,相当于形成一个注浆空腔。通过短桩压浆后开挖观察(叶平等,1997),压浆效果与桩端压浆装置所处平面位置无关,只要一个压浆装置起作用,水泥浆液就向薄弱部位扩散。压浆施工时,桩端压浆装置一般对称布置 2～4 个,基本可保证浆液由桩端均匀向土层中扩散。

1996 年,傅文珣介绍了在模型箱内模拟桩端注浆的试验。试验在轻亚黏土、黏质砂土和中砂黏土三种不同土质、不同压力下进行。注浆试验 2～3d 后,挖出水泥固结体,可看到经桩端注浆后产生了扩大端,其形状呈比较规则的圆锥台体,其几何尺寸见图 2－13。底面积增大 4.44～11.25 倍,侧面积增大 1.43～2.91 倍。

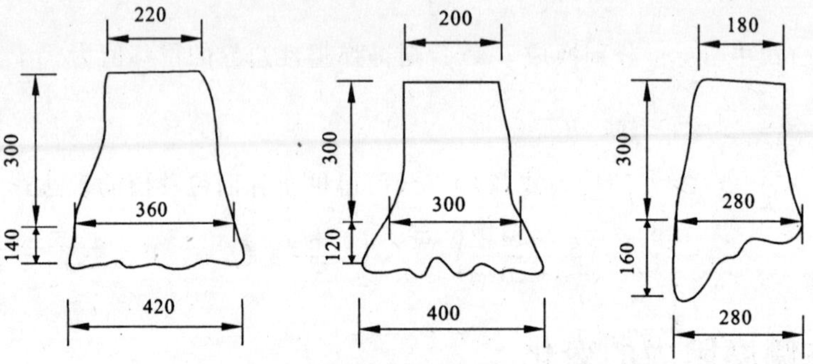

图 2－13 扩大端几何尺寸图(单位:mm)

有关文献介绍的两根试桩 A、B 的桩径分别为 128mm、134mm,桩长分别为 2.43m、2.51m,桩端沉渣厚度分别为 0.72m、0.64m。桩周土层主要是回填土、粉质黏土、粉砂和黏质粉土,桩端持力层为黏质粉土,桩端注浆水泥用量分别为 26kg、21.6kg,注浆压力分别为 1.0MPa 和 0.65MPa,桩顶上抬量分别为 0.02mm、0.075mm,极限承载力分别为 120kN、85kN,比同条件的未注浆桩的承载力(50kN)分别提高了 140%和 70%。图 2－14 是试桩 A 和 B 桩端注浆之后开挖出桩的形状。从中可以看出:注浆后桩的直径比未注浆桩分别增大了 64%和 49%,桩端面积分别增大了 169%和 123%;在桩端以上一定范围内,桩径和桩侧面积增大。试桩 A 浆液自桩端上升 0.6m,试桩 B 浆液自桩端上升 1.4m。

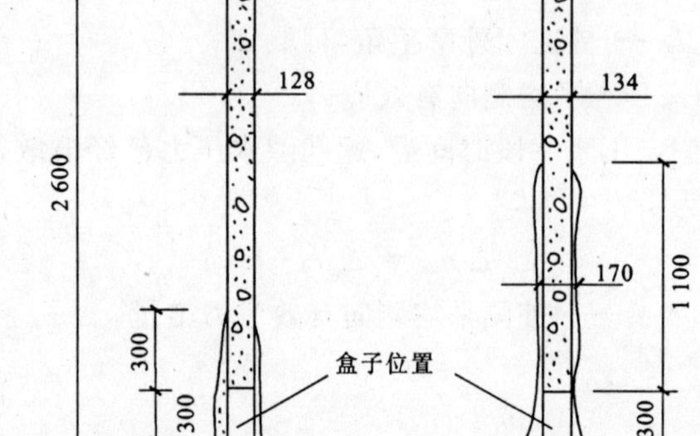

图 2－14 桩端注浆后桩的形状(单位:mm)

(3)劈裂加筋作用。桩端注浆的劈裂机理同桩侧注浆。当注浆压力达到起裂压力或注浆流量过大,均可出现劈裂现象,而且劈裂面往往出现在最薄弱方向,规律性较差。

2.5　压浆对桩端土层作用机理的理论分析

在强渗透性土层中，浆液渗透扩散范围可采用球面扩散公式(2-6)进行计算。对于其他土层可采用球穴扩张理论来分析浆液对土层的挤密作用。

2.5.1　基本假定

根据上述的压浆对桩端土层作用机理分析，浆液虽然是由一点或多点扩散，但由于孔底沉渣的存在，使浆液的扩散类似于自整个桩端向外扩散。同时，由于钻孔施工一般用锥形钻头，使桩底呈圆锥状，可将桩端简化为半球体。

为简化计算，作如下假定：

(1)土体是弹塑性体，服从 Mohr-coulomb 破坏准则；

(2)浆液扩散是某一初始半径为 r_0 的半球形孔在土层中的扩张过程，浆液扩散的体积等于半球状孔穴体积的变化量；

(3)桩端土体为半无限空间，并不考虑介质质量。

2.5.2　桩端土的球穴扩张问题

图 2-15 表示一球形孔穴的下半部分在均匀分布的内压作用下的扩张情况。当内压增加时，初始球穴的周围区域将由弹性状态进入塑性状态，塑性区随内压力的增加而不断扩大。设球形孔穴的初始半径为 r_0，球形孔穴扩张后的半径为 r_u，塑性区最大半径为 r_p，相应的浆液压力为 p，在半径 r_p 以外的土体仍保持弹性状态。将球形孔穴视为球对称问题，采用球坐标(r，θ,φ)表示，球穴周围土体单元仅发生径向位移。参照弹塑性力学问题的一般解法，列出三组基

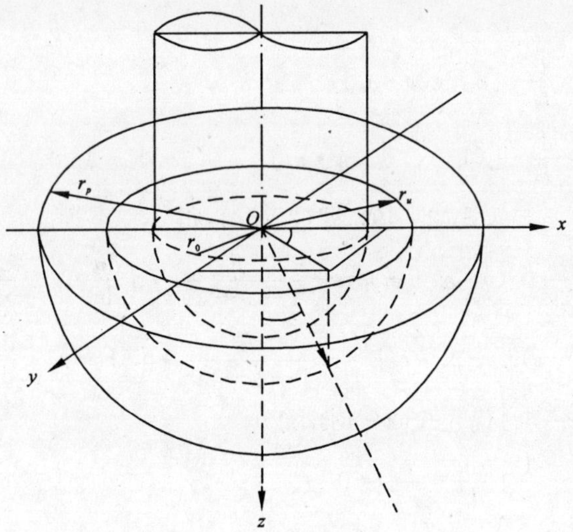

图 2-15　球形孔穴扩张示意图

本方程(平衡方程、几何方程及本构方程),并给出破坏准则和边界条件来进行求解。

1. 弹性状态

对空间问题的应力状态,其平衡方程式用球坐标可表示为

$$\frac{\partial \sigma_r}{\partial r}+\frac{1}{r}\cdot\frac{\partial \tau_{r\theta}}{\partial \theta}+\frac{\sigma_r-\sigma_\theta}{r}+\frac{1}{r}\cdot\frac{\partial \tau_{r\varphi}}{\partial \varphi}+\frac{\sigma_r-\sigma_\varphi}{r}+F_r=0 \tag{2-42}$$

式中:σ_r——径向应力;

σ_θ——沿 θ 方向的正应力;

σ_φ——沿 φ 方向的正应力;

$\tau_{r\theta}$、$\tau_{r\varphi}$——剪应力;

F_r——体力。

对空间球对称问题,式(2-42)可简化为

$$\frac{\partial \sigma_r}{\partial r}+2\cdot\frac{\sigma_r-\sigma_\theta}{r}=0 \tag{2-43}$$

几何方程为

$$\varepsilon_r=-\frac{\mathrm{d}u}{\mathrm{d}r} \tag{2-44}$$

$$\varepsilon_\theta=\varepsilon_\varphi=-\frac{u}{r} \tag{2-45}$$

本构方程为

$$\varepsilon_r=\frac{1}{E}\cdot[\sigma_r-\nu\cdot(\sigma_\varphi+\sigma_\theta)] \tag{2-46}$$

$$\varepsilon_\theta=\frac{1}{E}\cdot[\sigma_\theta-\nu\cdot(\sigma_\varphi+\sigma_r)] \tag{2-47}$$

$$\varepsilon_\varphi=\frac{1}{E}\cdot[\sigma_\varphi-\nu\cdot(\sigma_r+\sigma_\theta)] \tag{2-48}$$

由 $\varepsilon_\theta=\varepsilon_\varphi$,得

$$\varepsilon_r=\frac{1}{E}\cdot[\sigma_r-2\nu\cdot\sigma_\theta] \tag{2-49}$$

$$\varepsilon_\theta=\frac{1}{E}\cdot[(1-\nu)\sigma_\theta-\nu\cdot\sigma_r] \tag{2-50}$$

由式(2-44)、式(2-45)、式(2-49)、式(2-50),得

$$\sigma_\theta=\frac{E}{1-\nu-2\nu^2}\cdot(\nu\cdot\varepsilon_r+\varepsilon_\theta)=-\frac{E}{1-\nu-2\nu^2}\cdot\left(\frac{\mathrm{d}u}{\mathrm{d}r}\cdot\nu+\frac{u}{r}\right) \tag{2-51}$$

$$\sigma_r=\frac{E}{1-\nu-2\nu^2}\cdot[(1-\nu)\varepsilon_r+2\nu\cdot\varepsilon_\theta]=-\frac{E}{1-\nu-2\nu^2}\cdot\left((1-\nu)\cdot\frac{\mathrm{d}u}{\mathrm{d}r}+2\nu\cdot\frac{u}{r}\right) \tag{2-52}$$

将式(2-51)、式(2-52)代入式(2-43),得

$$\frac{\mathrm{d}^2u}{\mathrm{d}r^2}+\frac{1}{r}\cdot\frac{\mathrm{d}u}{\mathrm{d}r}-\frac{u}{r^2}=0 \tag{2-53}$$

令 $r=e^t$,则

$$\frac{\mathrm{d}u}{\mathrm{d}r}=\frac{\mathrm{d}u}{\mathrm{d}t}\cdot\frac{\mathrm{d}t}{\mathrm{d}r}=\frac{1}{r}\cdot\frac{\mathrm{d}u}{\mathrm{d}t} \tag{2-54}$$

$$\frac{d^2u}{dr^2}=\frac{1}{r^2}\left(\frac{d^2u}{dt^2}-\frac{du}{dt}\right) \tag{2-55}$$

将式(2-54)、式(2-55)代入式(2-53),得

$$\frac{d^2u}{dt^2}-u=0 \tag{2-56}$$

其解为

$$u=c_1\cdot e^t+c_2\cdot e^{-2t}=c_1\cdot r+c_2\cdot r^{-2} \tag{2-57}$$

则

$$\frac{du}{dr}=c_1-2c_2\cdot r^{-3} \tag{2-58}$$

$$\frac{u}{r}=c_1+c_2\cdot r^{-3} \tag{2-59}$$

求解条件:①$r=r_0,u=u_r$;②$r=r_0,\sigma_r=p$。

将式(2-58)、式(2-59)代入式(2-51)、式(2-52),得

$$\sigma_\theta=-E\cdot\left(\frac{c_1}{1-2\nu}+\frac{c_2}{1+\nu}\cdot\frac{1}{r^3}\right) \tag{2-60}$$

$$\sigma_r=-E\cdot\left(\frac{c_1}{1-2\nu}-\frac{2c_2}{1+\nu}\cdot\frac{1}{r^3}\right) \tag{2-61}$$

由求解条件及 $u_r=0,\sigma_r=\sigma_0$ 可求得

$$u_r=\frac{1+\nu}{2E}(p-\sigma_0)\cdot r_0 \tag{2-62}$$

上式即为弹性状态,在浆液压力作用下桩端土的位移。

2. 弹塑性状态

(1)桩端土临塑荷载。随着浆液压力的增大,桩端土逐渐由弹性状态进入弹塑性状态,此时,桩端土既满足弹性变形条件,又满足 Mohr-Coulomb 破坏准则。

由式(2-60)和式(2-61)可得

$$\sigma_r-\sigma_0=2(\sigma_\theta-\sigma_0) \tag{2-63}$$

代入 Mohr-Coulomb 破坏准则式(2-24)求得

$$\sigma_{pc}=\frac{3(1+\sin\varphi)}{3-\sin\varphi}\cdot\sigma_0+\frac{4c\cdot\cos\varphi}{3-\sin\varphi} \tag{2-64}$$

(2)桩端土的径向位移。当浆液压力超过桩顶临塑荷载时,桩端土中开始出现塑性区,其最大扩张半径为 r_p,设弹塑性边界的径向位移为 u_p。

根据孔的体积变化等于弹性区的体积变化加上塑性区的体积变化,得

$$\pi(r_0+u_r)^3-\pi r_0^3=\Delta V_e+\Delta V_p \tag{2-65}$$

式中:ΔV_e——弹性区体积变化;

ΔV_p——塑性区体积变化。

①弹性区体积变化。弹性区体积变化 ΔV_e 可按下式计算

$$\Delta V_e=2\pi[(r_p+u_p)^3-r_p^3]/3 \tag{2-66}$$

略去高阶项后,得

$$\Delta V_e\approx 2\pi r_p^2\cdot u_p \tag{2-67}$$

当$r=r_p$，$u_r=u_p$，则由式(2-62)求得

$$u_p=\frac{1+\nu}{2E}\left[p-\frac{3(1-\nu)}{1+\nu}\cdot\sigma_0\right]\cdot r_p \tag{2-68}$$

将上式代入式(2-67)，得

$$\Delta V_e=\frac{\pi(1+\nu)}{E}\left[p-\frac{3(1-\nu)}{1+\nu}\cdot\sigma_0\right]\cdot r_p^3 \tag{2-69}$$

②塑性区体积变化。塑性区的体积变形参照 Vesic 的做法，引入体积变化系数 Δ 进行描述，其表达式为

$$\Delta V_p=2\pi(r_p^3-r_0^3)\Delta/3 \tag{2-70}$$

式中：Δ——塑性区平均体积变化系数。

塑性区的径向应力要结合平衡方程及屈服条件求解。

由平衡方程式(2-43)及屈服条件式(2-24)得

$$\frac{d\sigma_r}{dr}+\frac{4\sin\varphi}{1+\sin\varphi}\cdot\frac{\sigma_r}{r}+\frac{2c\cos\varphi}{1+\sin\varphi}\cdot\frac{1}{r}=0 \tag{2-71}$$

求解条件 $\begin{cases}r=r_p,\sigma_r=\sigma_{pc}\\ r=r_0,\sigma_r=p\end{cases}$

求解式(2-71)并由求解条件，可得

$$r_p=\left(\frac{p+c\cdot\cot\varphi}{\sigma_{pc}+c\cdot\cot\varphi}\right)^{\frac{4\sin\varphi}{1+\sin\varphi}}\cdot r_0 \tag{2-72}$$

将上式代入(2-70)式，得

$$\Delta V_p=\frac{2}{3}\pi\cdot r_0^3\left[\left(\frac{p+c\cdot\cot\varphi}{\sigma_{pc}+c\cdot\cot\varphi}\right)^{\frac{3(1+\sin\varphi)}{4\sin\varphi}}-1\right]\cdot\Delta \tag{2-73}$$

3. 桩端土的径向位移计算

将式(2-69)、式(2-73)代入式(2-65)，并略去高阶项，得以下表达式

$$\frac{u_r}{r_0}=\left(\frac{p+c\cdot\cot\varphi}{\sigma_{pc}+c\cdot\cot\varphi}\right)^{\frac{3(1+\sin\varphi)}{4\sin\varphi}}\left[\frac{1+\nu}{2E}(p-\sigma_0)+\frac{1}{3}\Delta\right]-\frac{1}{3}\Delta \tag{2-74}$$

第三章 后压浆施工工艺

3.1 传统后压浆方法

3.1.1 施工机具及劳动组织

(1)压浆设备(每班组):注浆泵(两台,一台注浆,一台清洗),浆液搅拌机,储浆桶,压浆管路,12 MPa压力表,球阀,溢流阀,水准仪,16目纱网。注浆泵必须配备卸荷阀,限定压力8~9MPa。注浆泵最小流量不大于60L/min。为确保压浆过程中不因机械事故而停顿,压浆设备必须有备用件。

(2)压浆装置:桩端注浆管,桩身竖向导浆管(桩身竖向导浆管可由声测管兼)。

(3)施工中除压浆设备外,尚应配备以下机具:电焊机,切割机,称量外加剂的计量器具等。

(4)后压浆施工班组可配5~6人,其中包括操作工人和具有施工经验的技术工人。施工前应对有关人员进行技术培训和安全教育。施工区设立警示牌,非工作人员严禁进入,防止受到高压浆液伤害。

(5)应经常检查和维修压浆设备、机具,并建立安全员负责制,对设备、电路等进行全面的检查,对压力表应定期检查、标定,合格后方可使用。

3.1.2 后压浆施工

1. 后压浆施工工艺流程

(1)泥浆护壁成孔。成孔质量应满足有关的钻孔灌注桩施工要求。

(2)放钢筋笼及桩端压力注浆装置或桩侧压浆装置。压力注浆装置绑扎在钢筋笼内侧,随钢筋笼同步放入孔内。

(3)按有关规范、规程要求灌注混凝土。

(4)进行压力注浆。当桩身混凝土强度达到一定值(通常为75%)后,通过地面压力系统经桩端压力注浆装置或桩侧压浆装置向桩端土层压浆。

(5)卸下注浆接头,成桩。

压浆工艺流程见图3-1。

2. 压浆前准备工作

(1)压浆管在安装前应进行清洗,以清除管内杂物。

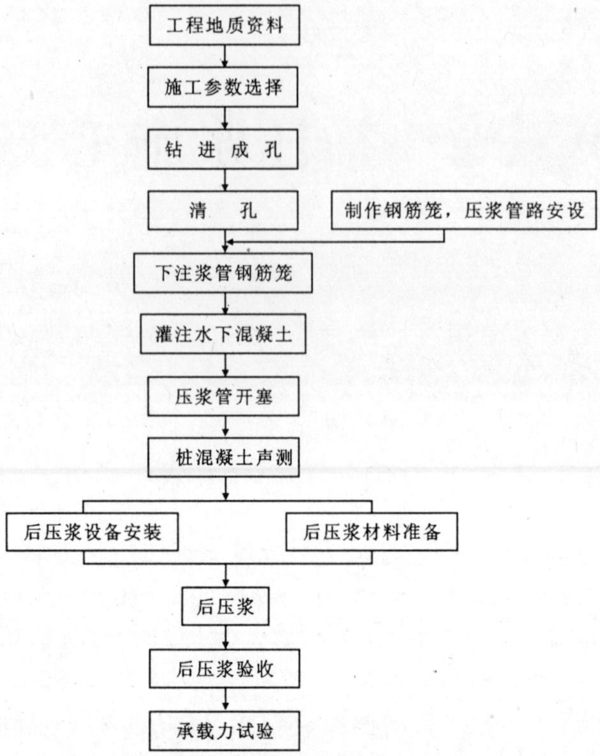

图 3-1 压浆施工工艺流程示意图

(2)在桩混凝土浇筑完成后 24～48h，由压浆泵用清水将桩端注浆管单向阀冲开，确保压浆管路系统畅通。

(3)压水试验和压浆前，进行压浆管及接头耐压试验，并认真检查高压设备及管路系统，确保设备正常运转。

(4)计量好每盘外加剂，装进塑料袋，保证其掺量的准确性。

3. 浆液的配制

(1)压浆水泥：采用 Po42.5MPa 或 Po32.5MPa 普通硅酸盐无结块的双检水泥。可根据需要加入外加剂。

(2)水泥浆性能要求：水灰比 0.5～0.6，28d 强度≥70%桩身强度。

(3)浆液配制程序：先放水，再加外加剂，搅拌均匀后加水泥。

(4)严格控制浆液配比，搅拌时间不少于 2min，浆液应具有良好的流动性，不离析，不沉淀，浆液进入储浆桶时必须用 16 目纱网进行两次过滤，防止杂物堵塞压浆孔及管路。

(5)试桩浆液最终配方必须通过现场试配确定，确认达到性能指标后，再付诸使用。

4. 压浆管路布置及压浆管制作

(1)压浆管布置原则：便于安装和保护。

(2)桩端压浆管制作要求：桩端压浆管在下部均匀设置 4～5 排共 ϕ8mm 钻孔；每个钻孔单独制作，形成一个单向阀。其构成由三层组成：第一层为逆止阀，第二层为弹性密封层，第三层为保护层。

(3)注意事项:①制作前,压浆管密封部位应用细砂纸打磨;②应进行地面试压试验。

5. 后压浆施工控制原则

压浆总体控制原则:实行压浆量与压力双控,以压浆量(水泥用量)控制为主,注浆压力控制为辅。若注浆压力达到控制压力,并持荷5min,注浆量达到80%,也满足要求。

6. 后压浆施工要点

(1)确保工程桩施工质量。满足规范对沉渣、垂直度、泥浆密度、钢筋笼制作质量等要求;安装钢筋笼时,确保不损坏压浆管路,下放钢筋笼后,不得墩放、强行扭转和冲撞。

(2)压浆管下放过程中,每下完一节钢筋笼后,必须在压浆管内注入清水检查其密封性,若压浆管渗漏,必须返工处理,直至达到密封要求。

(3)压浆管接头可采用丝扣或接箍套节焊。必须保证管路密封,以防泥浆进入管内。

(4)压水开塞时,若水压突然下降,表明单向阀已打开,此时应停泵封闭阀门10~20min,以消散压力。当管内存在压力时不能打开闸阀,以防止承压水回流。

(5)压浆工作一般在混凝土浇注完毕后3~7d进行。也可根据实际情况,待桩的声测工作结束后进行。

(6)每管压浆完毕后,阀门封闭不小于40min,再卸阀门。

(7)水泥浆制配时,严格按配合比进行配料,不得随意更改。

(8)在压浆过程中,若发生不正常现象(如注浆泵压力表越来越高或突然掉压,地面冒浆等)时,应暂停压浆,查明原因后再继续压浆。

(9)有专人负责记录压浆的起止时间、注入的浆量及压力,测定桩的上抬量。

(10)在每根桩的后压浆施工过程中,浆液必须按规定做试验。

3.2　桩端循环压浆(U形管压浆)工艺原理

3.2.1　传统压浆方法存在的问题

传统压浆方法为单向压浆法,浆液经过压浆器的单向阀进入土层。其存在的主要问题有三个。

(1)不能有效控制浆液扩散范围。土体为各向异性材料,浆液在压力作用下容易沿着结构薄弱面流动,扩散范围不确定,相当一部分为无效扩散。

(2)桩端浆液分布不均匀。由于不能控制浆液扩散范围,桩端加固区性质差异大,对桩端阻力的提高效果难以保证,且离散性大。

(3)可控性差。单向压浆法压浆后无法清洗,不能多次循环使用,必须在较短时间内将浆液全部压完,压力往往不好控制。而为了保证压浆效果,压力是一个很重要的参数,特别是为提高对桩侧阻力的影响范围,往往需要一定的压力。

3.2.2 桩端循环压浆工艺

1. 桩端循环压浆工艺的特点

U形管桩端压浆系统由进口管、出口管和桩端注浆装置组成一个循环系统，与单向压浆法相比，可多次进行压浆，压浆次数可在一个较大的范围内进行调节。初始压浆以充填为主，浆液对沉渣进行置换和压密；后续压浆以压密和劈裂为主，每一次劈裂和压密都使土中主应力有所增大，压浆所需压力也相应增大。概括起来其主要特点有如下三点。

(1)可控性好。由于U形管后压浆装置具有进口和出口，每一个回路压完一个循环后，可对桩端压浆器进行冲洗，使桩端压浆装置可根据要求进行多个循环的压浆。

(2)桩端浆液分布均匀。由于U形管后压浆施工工艺分多次对桩端进行压浆，可对桩端沉渣进行充填和混合，并对桩端土层中局部薄弱面进行充填，使浆液在压力作用下对桩端土层进行挤密，避免无效扩散，将加固区限定在一定范围内。

(3)提高桩的承载力和可靠性。通过调整循环次数，可调节浆液压力和压浆量，使桩端一定范围的强度和刚度得到充分提高，同时，压力的提高不仅有助于增大端承力，还有助于提高桩侧摩阻力，从而提高桩的承载力。

2. 桩端循环压浆参数确定原则

(1)压浆总体控制原则。实行压浆量与压力双控。

(2)压浆次序与压浆量分配。①压浆分 n 次循环。②压浆量。按一定比例分配，一般前段的压浆量大于后段的压浆量。③若发生管路堵塞，按每一循环应压比例重新分配压浆量。

(3)时间及压力控制。①第一循环：每根压浆管压完后，用清水冲洗管路，间隔时间不小于 $t_1-0.5\text{h}$（t_1 为浆液初凝时间），不超过 $t_1+0.5\text{h}$ 进行第二循环。②第二循环：每个循环通路压完后，用清水冲洗管路，间隔不小于 $t_1-0.5\text{h}$，不超过 $t_1+0.5\text{h}$ 进行第三循环。依次类推。③前段循环主要考虑压浆量。④后段循环以压力控制为主。若注浆压力达到控制压力，并持荷5min，注浆量达到80%，也满足要求。

3. 桩端循环压浆管路布置及制作要求

(1)管路布置。布置原则：保证压浆的均匀性，便于安装和保护。

(2)制作要求。每个U形管均在下侧设置8个 ϕ8mm 钻孔，要求保证其密封性和具有逆止阀的作用。每个钻孔单独制作，其构成由三层组成：第一层为能盖住孔眼的图钉；第二层为比U形管外径小3～5mm的橡胶带，长度5cm；第三层为密封胶带，盖住橡胶带两端各2cm。

(3)注意事项。①制作前，U形管密封部位应用细砂纸打磨；②必须使用密封完好、有弹性的橡胶带；③应进行地面试压试验。

桩端压浆器有直管和弯管两种形式。苏通大桥试桩使用的为弯管形式，工程桩施工中使用的为直管形式，具体布置及构造见图3-2和图3-3。

4. 桩端循环压浆施工要点

(1)确保工程桩施工质量。满足规范对沉渣、垂直度、泥浆密度、钢筋笼制作质量等要求；安装钢筋笼时，确保不损坏压浆管路，下放钢筋笼后，不得墩放、强行扭转和冲撞。

(2)压浆管下放过程中，每下完一节钢筋笼后，必须在压浆管内注入清水检查其密封性，若

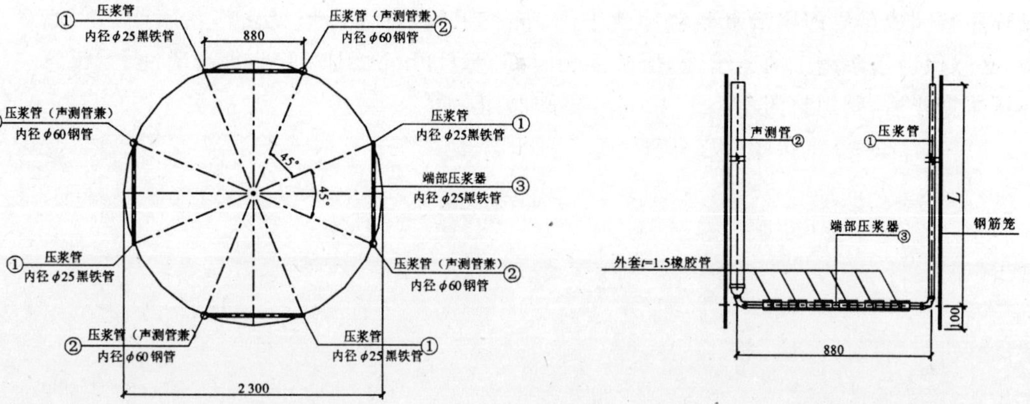

（a）压浆管桩底平面图　（b）压浆管路立面图

图 3-2　管路布置及构造（底部直管）（单位：mm）

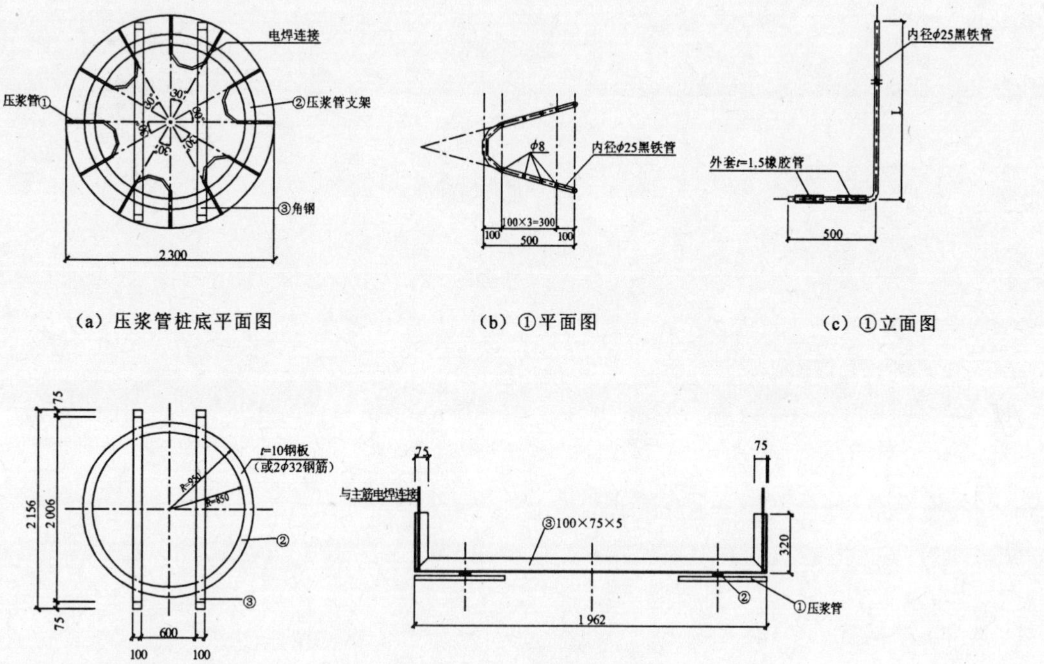

图 3-3　管路布置及构造（底部弯管）（单位：mm）

压浆管渗漏，必须返工处理，直至达到密封要求。

(3)压浆管接头可采用丝扣或接箍套节焊。必须保证管路密封，以防泥浆进入管内。

(4)压水开塞时，若水压突然下降，表明单向阀已打开，此时应停泵封闭阀门 10～20min，以消散压力。当管内存在压力时不能打开闸阀，以防止承压水回流。

(5)压浆管路清洗要点：①进浆口压浆时，打开回路的出浆口阀门，先排出注浆管内的清水，当出浆口流出的浆液浓度与进口浆液的浓度基本相同时，关闭出浆口阀门，开始注浆；②每循环压浆完成后立即用清水彻底冲洗干净，再关闭阀门；③U 形管回路在压浆每一循环过程中，必须保证压浆施工的连续性，压浆停顿时间超过 30min，应对管路进行清洗；④每管三次循环压浆完毕后，阀门封闭不小于 40min，再卸阀门。

第四章 后压浆技术的现场试验

4.1 苏通大桥试桩的现场试验研究

苏通大桥为取得可靠的工艺参数和设计参数，共进行了 4 次试桩试验，其中静载荷试验桩，一期试桩有 4 根，二期试桩有 3 根，三期试桩有 3 根，四期试桩有 4 根。静载荷试验试桩的有关参数见表 4-1。

表 4-1 静载荷试验试桩参数汇总表

<table>
<tr><th>类型</th><th>编号</th><th>直径/m</th><th>桩长/m</th><th>压浆管路</th><th>测试方法</th></tr>
<tr><td rowspan="4">一期</td><td>S1</td><td rowspan="3">1.5</td><td>84</td><td rowspan="4">3 直管</td><td>先测试，后压浆，再测试</td></tr>
<tr><td>S2</td><td rowspan="2">69</td><td>先压浆，后测试</td></tr>
<tr><td>S3</td><td rowspan="2">先测试，后压浆，再测试</td></tr>
<tr><td>N3</td><td>1.8</td><td>76</td></tr>
<tr><td rowspan="3">二期</td><td>SZ2</td><td rowspan="3">2.5</td><td>125</td><td rowspan="2">6 回路 U 形管</td><td rowspan="2">先压浆，后测试</td></tr>
<tr><td>SZ3</td><td>106</td></tr>
<tr><td>SZ4</td><td>125</td><td>4 回路 U 形管</td><td>先测试，后压浆，再测试</td></tr>
<tr><td rowspan="3">三期</td><td>Z2</td><td rowspan="3">2.5</td><td>114</td><td>直管</td><td rowspan="3">先压浆，后测试</td></tr>
<tr><td>Z6</td><td>126</td><td>4 回路 U 形管</td></tr>
<tr><td>Z7</td><td>117</td><td>直管</td></tr>
<tr><td rowspan="4">四期</td><td>NⅡ-1</td><td rowspan="2">1.2</td><td rowspan="2">58.9</td><td>未压浆</td><td>直接测试</td></tr>
<tr><td>NⅡ-2</td><td rowspan="2">3 回路 U 形管</td><td rowspan="2">先压浆，后测试</td></tr>
<tr><td>NⅡ-3</td><td rowspan="2">1.5</td><td rowspan="2">63.6</td></tr>
<tr><td>NⅡ-4</td><td>未压浆</td><td>直接测试</td></tr>
</table>

场区地质条件概况如下。

(1)南岸。②层亚黏土：冲积成因，灰黄色，可塑。③层淤泥质亚黏土：浅海-冲积成因，灰色，流塑，夹薄层粉砂。④层亚黏土：浅海-冲积成因，灰色。上部④-1 层，亚黏土，软塑；下部④-2 层，亚黏土夹粉砂或与粉砂互层，灰色。④粉砂：灰色，饱和，中密。⑤层：长江冲积成因。⑤-2-1 层，亚黏土，局部为亚黏土与粉砂互层，灰色，中密或软塑状。⑤-2 层，粉细砂：灰色，饱和，密实。⑥层以中粗砂为主：灰色，饱和，密实。⑦层粉细砂：灰色，饱和，密实。⑧-1层中砂：灰色，饱和，密实，含少量中细砂及砾砂。⑧-2层细砂：灰色，饱和，密实。

(2)北岸。①层：长江冲积成因，①-1粉砂：灰色，饱和，松散—稍密；①-2亚砂土、亚黏土夹粉砂：灰色，饱和，松散；①-3粉砂，灰色，饱和，中密—密实。亚黏土：浅海-冲积成因，灰色，软塑，局部为粉砂与亚黏土互层。⑤-2-1层，亚黏土，灰色，饱和，中密，局部密实。⑤-2层，粉细砂：灰色，饱和，密实。⑥-1砾砂：灰色，饱和，密实，粒径2～5mm，个别为5～20mm，局部为粗砂。⑥层以中粗砂为主，灰色，饱和，密实，局部为粉细砂。⑦层粉细砂：灰色，饱和，密实。⑧-1层中粗砂：灰色，饱和，密实。

4.1.1 苏通大桥静载荷试验桩压浆情况简介

1. 一期试桩桩端压浆情况

S1、S2、S3、N3四根桩均用ϕ60mm声测钢管兼作压浆管。压浆施工参数见表4-2。

表4-2 一期试桩压浆施工参数表

试桩编号	S1	S2	S3	N3
压浆量/t	3.5	2.5	4.0	2.0
压力/MPa	2.5	2.5	3.0	3.0

2. 二期试桩桩端压浆情况

SZ2桩和SZ3桩采用6回路U形压浆管方案(图4-1)，端部弯管采用ϕ25普通钢管，桩身直管由8根ϕ25钢管和4根ϕ60声测管(兼用)组成。

图4-1 U形压浆管方案示意图

SZ4 试桩采用 4 回路 U 形管方案。4 个 U 形管回路由 8 根 ϕ25 钢管和桩端弯管组成。压浆施工参数见表 4－3。

表 4－3　二期载荷试桩压浆施工参数表

试桩编号	SZ2	SZ3	SZ4
压浆量/t	8.6	11	9
压力/MPa	7～8	6.5	5～7

压浆量与压浆量分配：①压浆量为 10t，压浆分三次循环。②压浆量分配，第一循环 50%，第二循环 30%，第三循环 20%。③压浆时间及压力控制，第一循环：每根压浆管压完后，用清水冲洗管路，间隔时间不小于 2.5h，不超过 3h 进行第二循环；第二循环：每根压浆管压完后，用清水冲洗管路，间隔不小于 3.5h，不超过 6h 进行第三循环。④第一循环与第二循环主要考虑压浆量，第三循环以压力控制为主。若注浆压力达到控制压力，并持荷 5min，注浆量达到 80%亦可。

3. 三期试桩桩端压浆情况

Z2 试桩布设 4 根 ϕ60 钢管（同时兼作声测管），端部压浆器采用 ϕ25 普通钢管。Z6 采用 4 回路 U 形管压浆，Z7 采用 4 根声测管直接作为压浆管。压浆施工参数见表 4－4。

表 4－4　三期载荷试桩压浆施工参数表

试桩编号	Z2	Z6	Z7
压浆量/t	11.2	12	12
压力/MPa	6.5	4	2.7

压浆量与压浆量分配同二期试桩。

4. 四期试桩桩端压浆情况

试桩 NⅡ－2 和 NⅡ－3 各设 3 根 ϕ60 钢管（同时兼作声测管）和 3 根 ϕ25 普通钢管组成三个 U 形管循环回路。压浆施工参数见表 4－5。

表 4－5　压浆参数汇总表

试桩编号	NⅡ－2	NⅡ－3
压浆压力/MPa	4.6	4.6
总压浆量/t	2.8	2.0

4.1.2　苏通大桥静载荷试验桩测试结果

1. 自平衡静载荷试验原理简介

苏通大桥静载荷试验采用自平衡试桩法。自平衡测试法利用预埋在桩身的荷载箱进行静载荷试验。试验时，通过地面高压油管对荷载箱内腔施加压力，箱顶与箱底被推开，产生向上与向下的位移，从而调动桩周土的侧阻力与端阻力，直至破坏，其测试原理见图 4-2。将桩侧土摩阻力与桩端土阻力以一定方式叠加而得到单桩抗压极限承载力。由于利用所测桩自身的反力来平衡加载力，省去了传统静压试验方法中庞大笨重的加载装置，显著提高了测试技术的效率和精度。

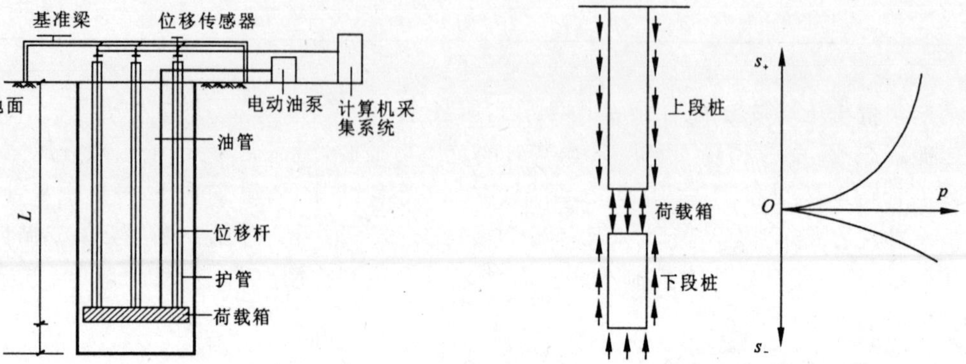

(a) 示意图　　(b) 测试曲线

图 4-2　自平衡测试法测试原理

加载采用慢速维持法，按交通部标准《公路桥涵施工技术规范》(JTJ641—2000)及江苏省地方标准《桩承载力自平衡测试技术规程》进行。各试桩的桩身按土层界面布置钢筋应力计，每个截面对称布置 3～4 个钢筋应力计。

2. 自平衡静载荷试验结果

(1)一期试桩自平衡测试结果。由自平衡静载荷试验得到的荷载箱上部及荷载箱下部的荷载-位移关系曲线见图 4-3。由简化转换方法得到的桩顶荷载-沉降关系曲线见图 4-4。试桩侧阻力、端阻力及其比例见表 4-6。

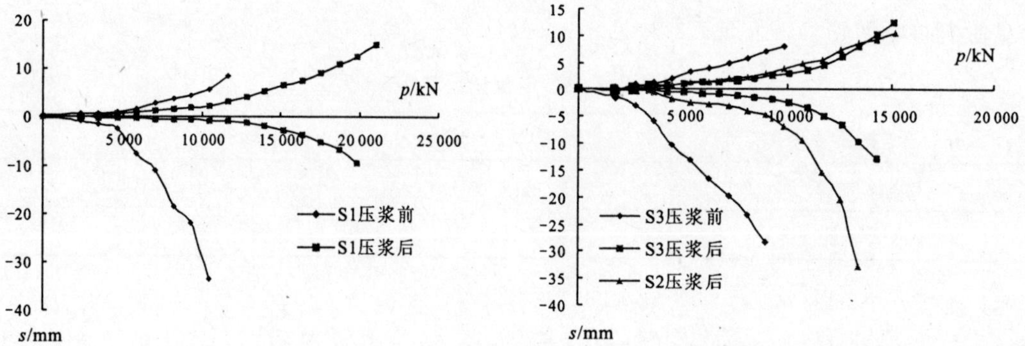

(a) S1压浆前后　　(b) S2、S3压浆前后

图 4-3　自平衡测试上段桩(+)及下段桩(-)的荷载-位移关系曲线

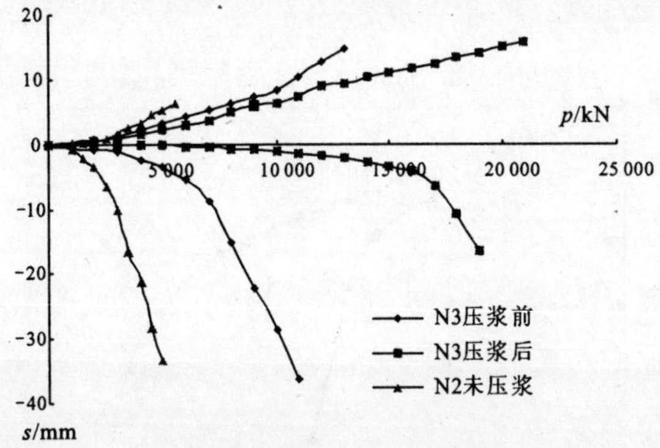

（c）N3压浆前后

图 4-3　自平衡测试上段桩(+)及下段桩(-)的荷载-位移关系曲线

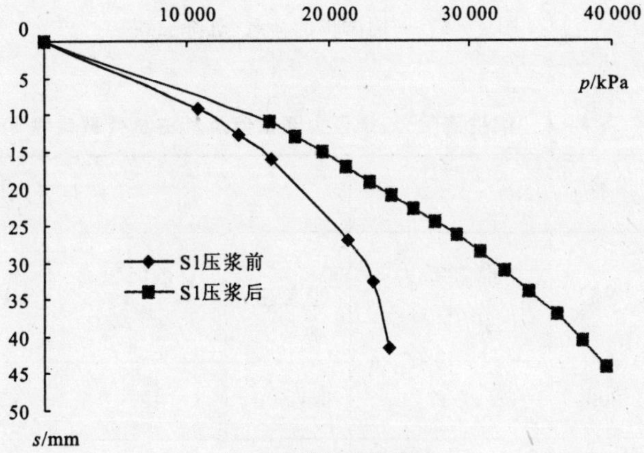

（a）S1的荷载-沉降曲线

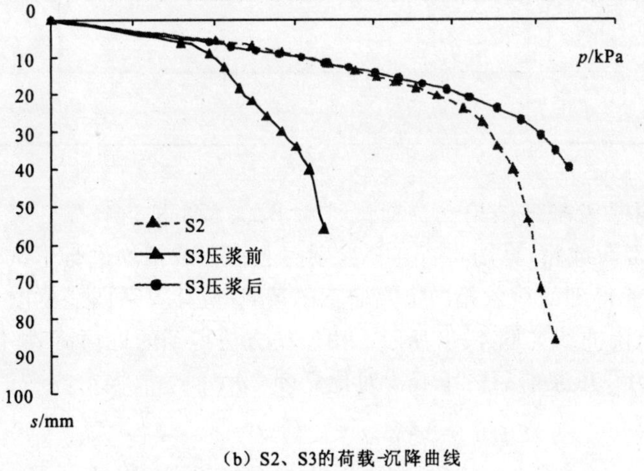

（b）S2、S3的荷载-沉降曲线

图 4-4　一期试桩的荷载-沉降曲线

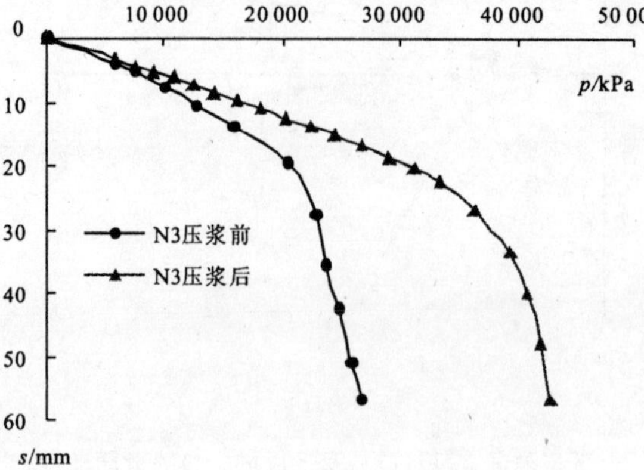

(c)N3的荷载-沉降曲线

图 4-4 一期试桩的荷载-沉降曲线

表 4-6 试桩侧阻力、端阻力测试值及其占总荷载比例

桩号	压浆前/kN			压浆后/kN			
	总侧阻	总端阻	端阻所占比值/%	总侧阻	总侧阻提高幅度/%	总端阻	端阻所占比值/%
S1	21 800	2 200	9.17	24 500	12.4	13 000	34.67
S2				21 800		6 200	22.14
S3	15 700	1 110	6.96	24 000	52.87	8 000	25.0
N2	9 600	900	8.57				
N3	21 550	2 850	11.68	30 440	41.25	10 460	25.57

(2)二期试桩自平衡测试结果。二期试桩对 SZ2、SZ3 桩进行了压浆后的自平衡载荷试验。SZ4 桩埋设了双荷载箱,见图 4-5。压浆前对上下荷载箱均进行了试验,压浆后仅对下荷载箱进行试验。试验得到的荷载箱向上及向下的荷载-位移关系曲线见图 4-6、图 4-7。SZ4 压浆前后的荷载-沉降曲线如图 4-8 所示。由转换方法得到的桩顶荷载-位移关系曲线见图 4-9,桩的极限承载力及压浆前后的承载力对比见表 4-7。

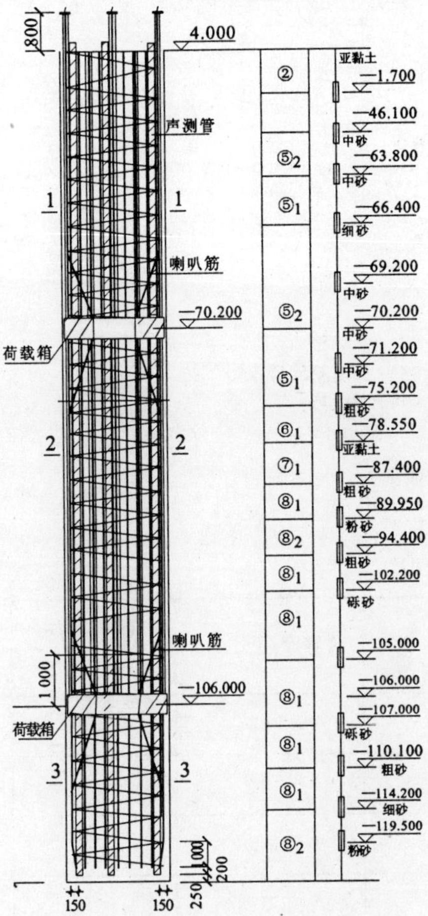

图 4-5　SZ4 荷载箱布置示意图(单位:mm)

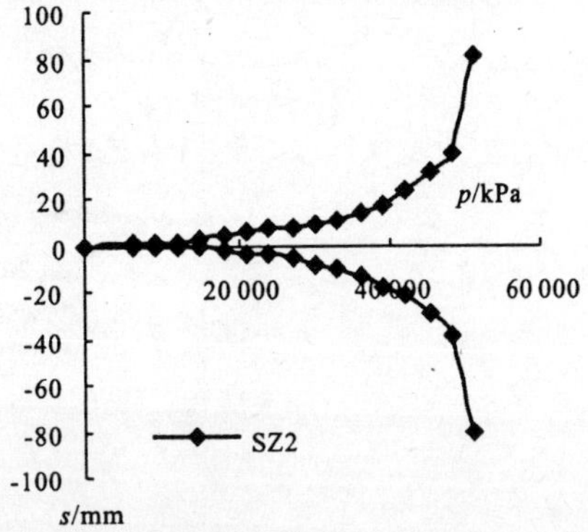

图 4-6　SZ2 的荷载-位移曲线

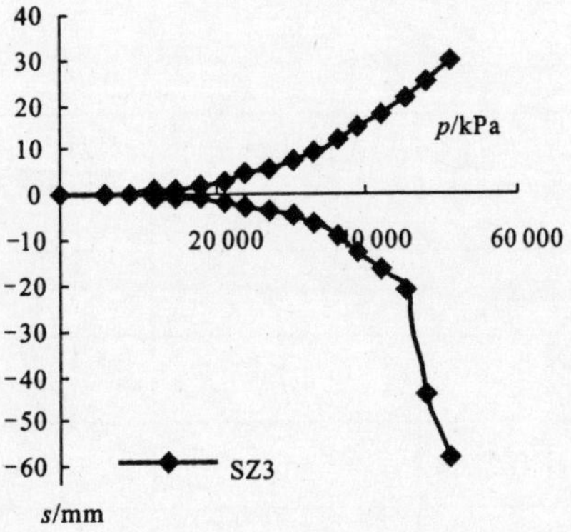

图 4-7　SZ3 的荷载-位移曲线

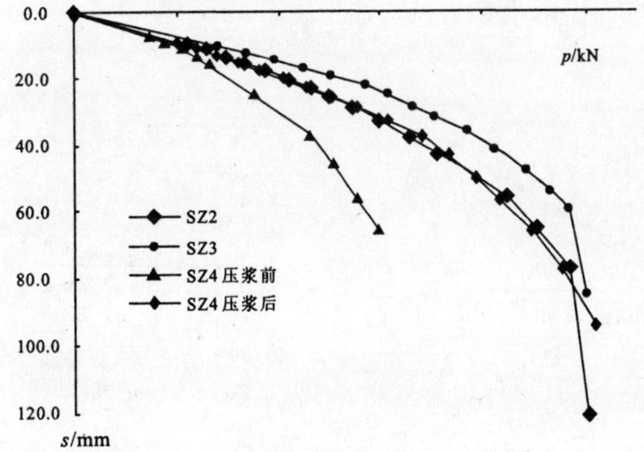

图 4-8　SZ4 压浆前后的荷载-沉降曲线

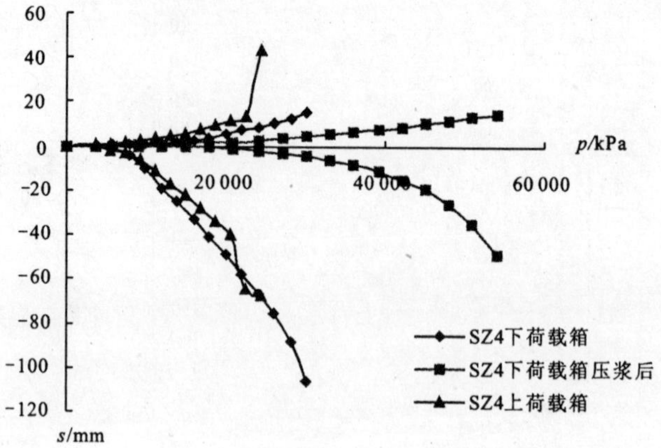

图 4-9　桩顶荷载-位移关系曲线

表 4-7　桩的极限承载力及构成

桩号		极限承载力/kN	桩端阻力/kN	桩端阻力所占比值/%	总侧摩阻力/kN	总侧阻力所占比值/%
SZ2		96 481	14 656	15.19	81 825	84.81
SZ3		96 746	30 761	31.8	65 985	58.43
SZ4	压浆前	59 638	8 485	14.23	51 153	85.77
	压浆后	100 538	33 375	33.2	68 533	66.8

(3)三期试桩自平衡测试结果。三期试桩对 Z2、Z6 和 Z7 桩进行了压浆后的自平衡载荷试验。试验得到的荷载箱向上及向下的荷载-位移关系曲线见图 4-10～图 4-12,桩顶荷载-沉降关系见图 4-13,桩的极限承载力及构成见表 4-8。

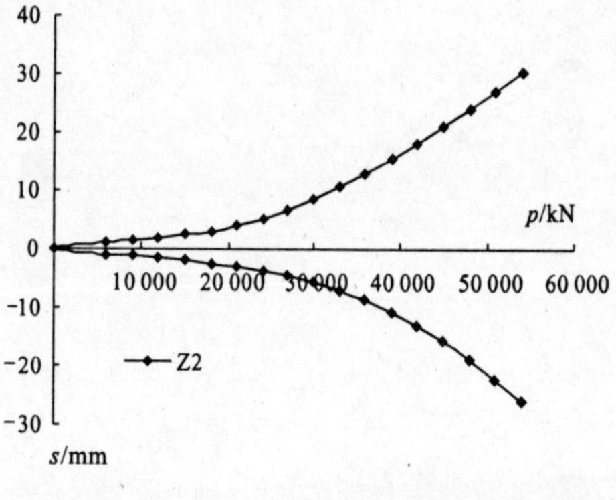

图 4-10　Z2 的荷载-位移关系曲线

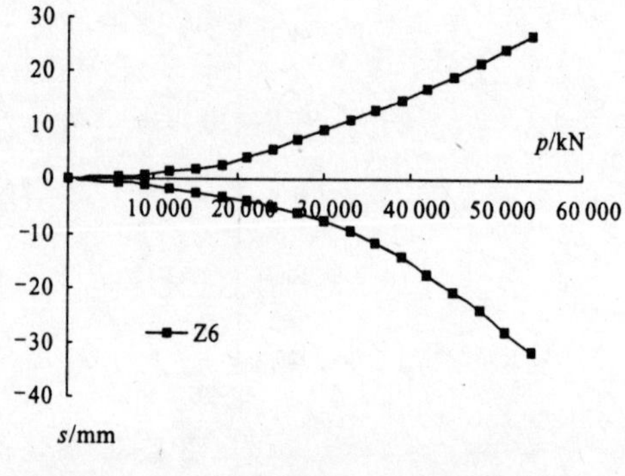

图 4-11　Z6 的荷载-位移关系曲线

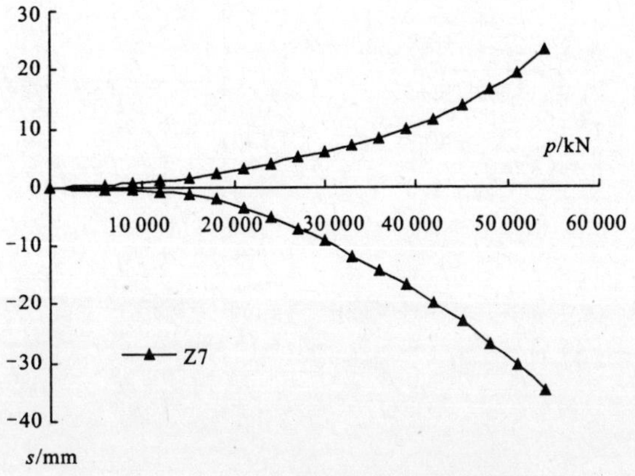

图 4-12　Z7 的荷载-位移关系曲线

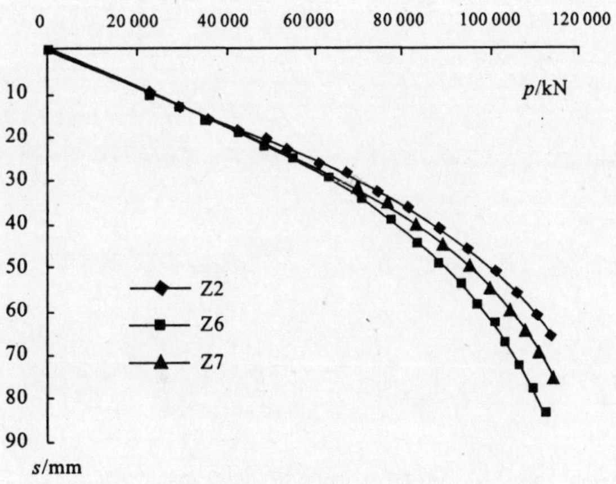

图 4-13　转换后的桩顶荷载-沉降关系曲线

表 4-8　桩的极限承载力及构成

桩号	极限承载力/kN	相应位移/mm	桩端阻力/kN	桩端阻力所占比值/%
Z2	113 404	65.99	36 312	32.02
Z6	111 270	83.61	33 085	29.73
Z7	113 206	75.43	38 571	34.07

(4)四期试桩自平衡测试结果。由自平衡静载荷测试得到的荷载箱向上及向下的荷载-位移关系曲线见图 4-14。桩顶荷载-沉降关系曲线(等效转换曲线)见图 4-15。桩的极限承载力及构成见表 4-9。

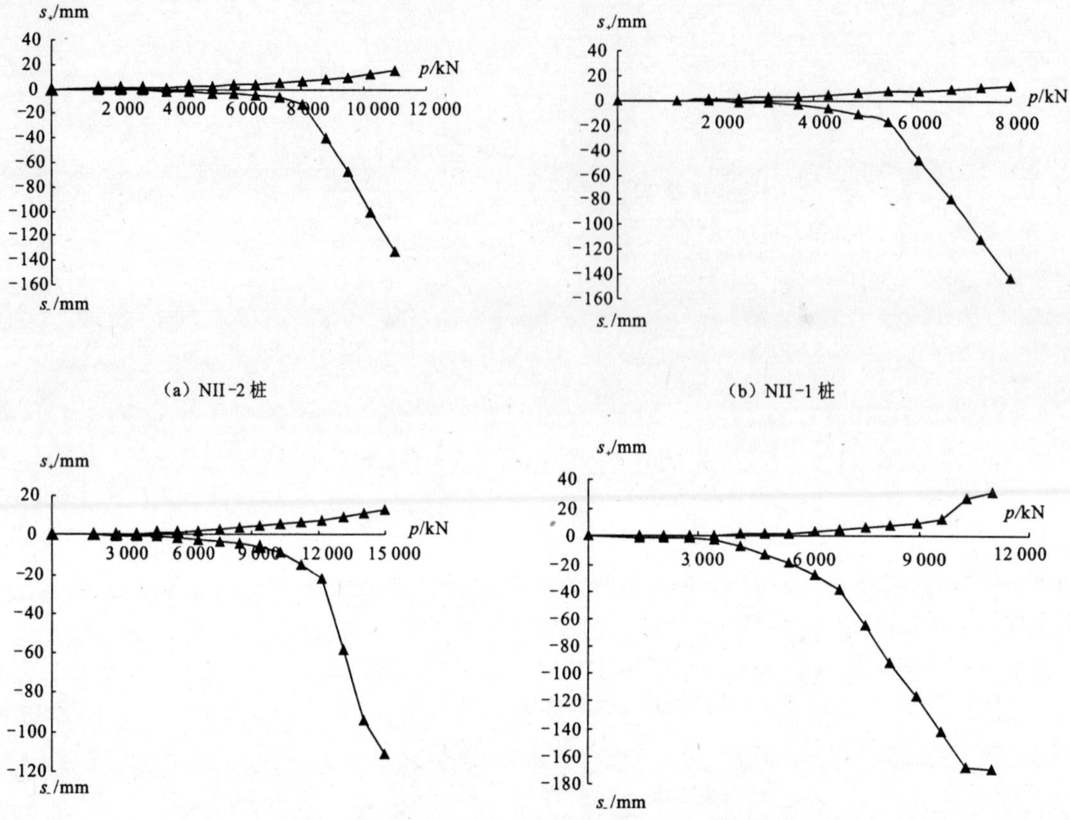

(a) NII-2 桩　(b) NII-1 桩　(c) NII-3 桩　(d) NII-4 桩

图 4-14　荷载箱向上及向下的荷载-位移关系曲线

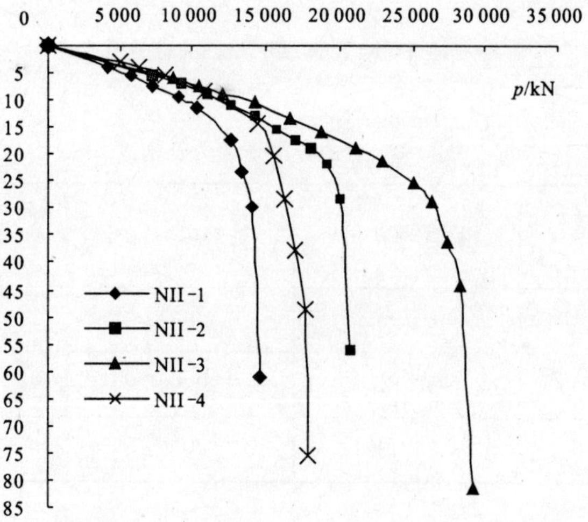

图 4-15　桩顶荷载-沉降关系曲线

表 4-9　桩的极限承载力及构成

桩号	未压浆桩		压浆桩	
	NII-1	NII-4	NII-2	NII-3
极限承载力/kN	14 037	17 629	20 075	28 349
相应位移/mm	29.79	48.53	28.18	44.11
桩端阻力所占比值/%	15.39	14.42	22.83	27.22

4.1.3　苏通大桥后压浆效果分析

1. 压浆前后摩阻力对比

自平衡测试中，荷载箱对上段桩施加一向上的荷载，上段桩产生向上的位移，使桩周土产生向下的侧阻力(负摩阻力)。荷载箱对下段桩施加一向下的荷载，下段桩受力后产生向下的位移，使下段桩的桩周土产生向上的侧阻力，桩端产生向上的端阻力。为比较压浆前后桩的承载特性，对上段桩，取平均摩阻力与平均桩土位移的关系进行分析；对下段桩，结合桩身埋设的钢筋计的测试结果，得出桩侧摩阻力与平均位移关系。各期试桩的摩阻力与桩土位移的关系见图 4-16～图 4-18。压浆前后平均摩阻力对比见表 4-10。

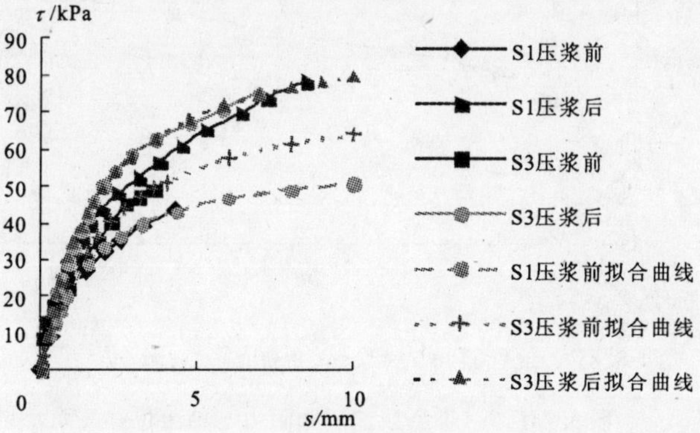

(a) 南岸上段桩平均摩阻力与平均桩土位移的关系

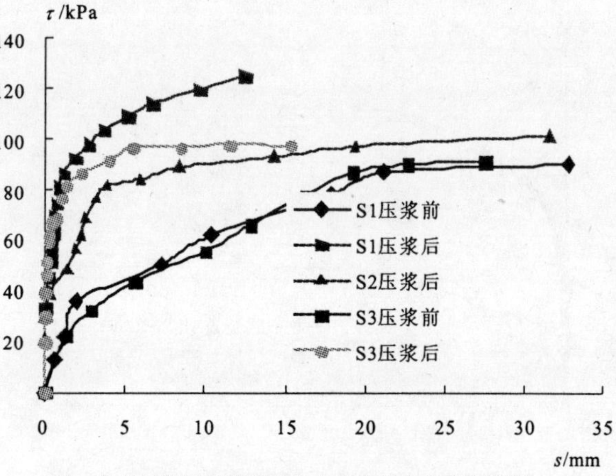

(b) 南岸下段桩平均摩阻力与平均桩土位移的关系

图 4-16　一期压浆前后摩阻力与桩土位移关系

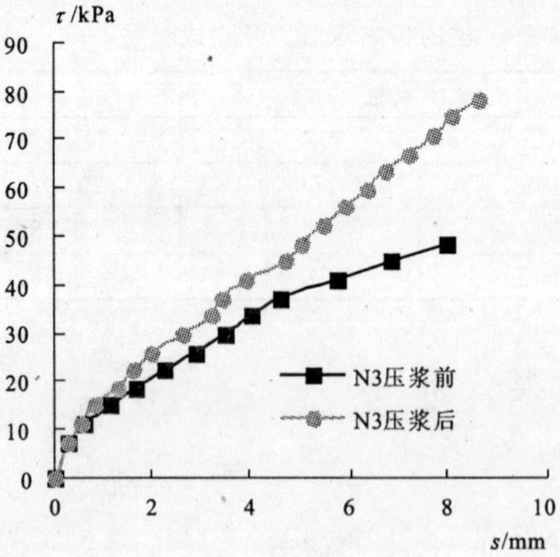

(c) 北岸上段桩平均摩阻力与平均桩土位移的关系

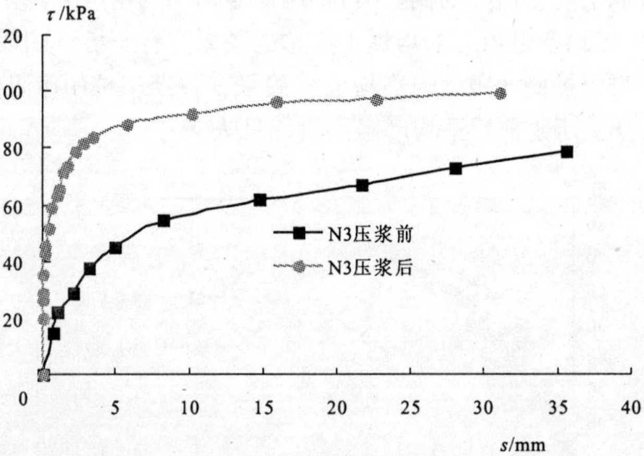

(d) 北岸下段桩平均摩阻力与平均桩土位移的关系

图 4-16 一期压浆前后摩阻力与桩土位移关系

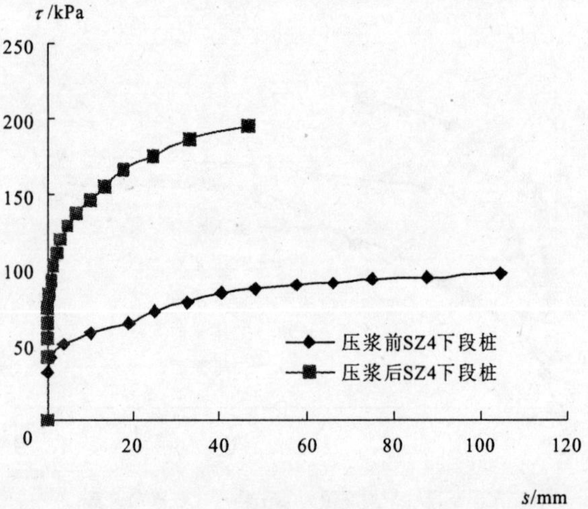

图 4-17 二期试桩下段桩摩阻力与桩土位移关系(压浆前后)

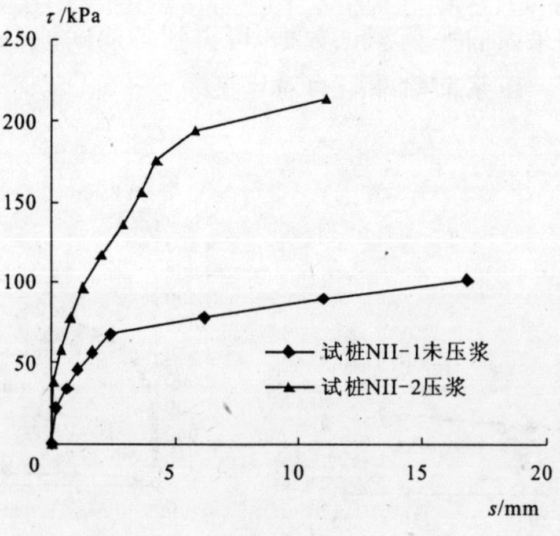

(a) NII-1、NII-2

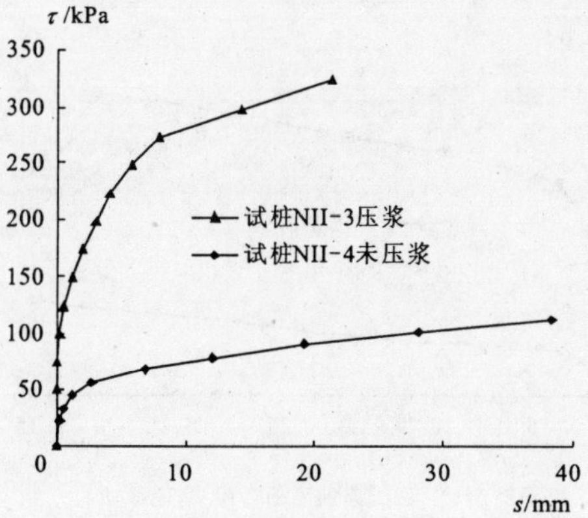

(b) NII-3、NII-4

图 4-18　四期试桩压浆前后摩阻力与桩土位移关系

表 4-10　压浆前后平均摩阻力对比

桩号	压浆前平均摩阻力/kN	压浆后平均摩阻力/kN	总侧阻提高幅度/%
S1	21 800	24 500	12.39
S2	15 700	21 800	38.9
S3	15 700	24 000	52.87
N3	21 550	30 440	41.25
SZ4	51 153	68 533	33.98
NII-1(NII-2)	11 957	15 492	29.56
NII-4(NII-3)	15 086	20 632	36.76

2. 压浆前后端阻力对比

根据桩端应力测试结果及自平衡测试数据，可得到各期试桩在压浆前后的端阻力-位移曲线，见图 4-19～图 4-21。压浆前后端阻力对比见表 4-11。

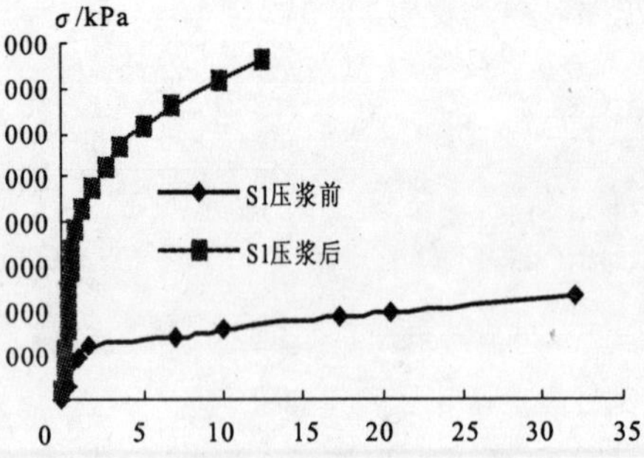

(a) S1压浆前后的端阻力-位移曲线

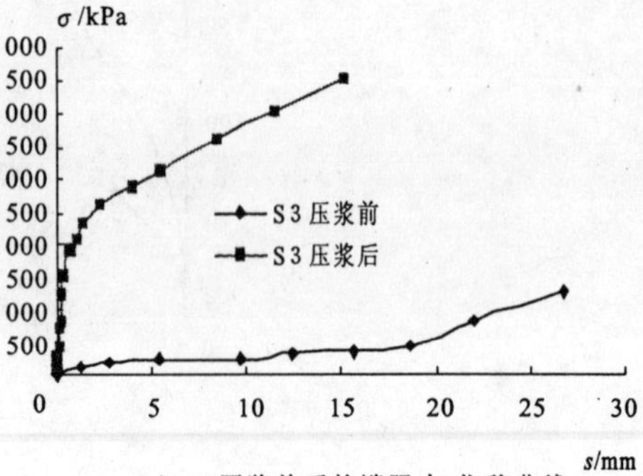

(b) S3压浆前后的端阻力-位移曲线

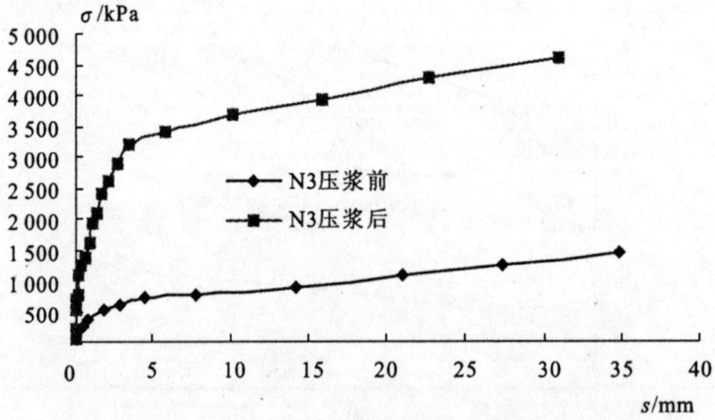

(c) N3压浆前后的端阻力-位移曲线

图 4-19 一期试桩的端阻力-位移曲线

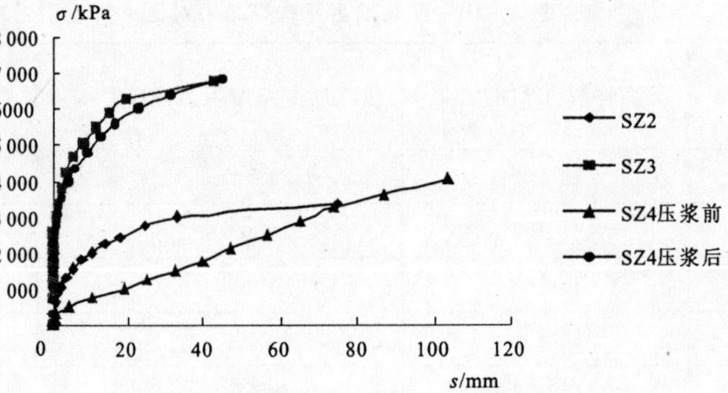

图 4-20 二期试桩的端阻力-位移曲线

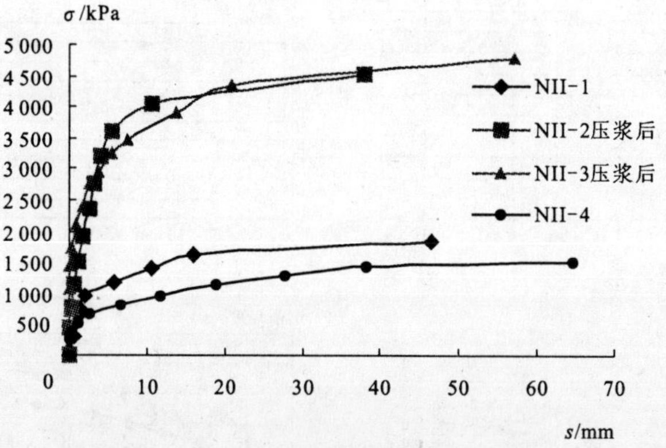

图 4-21　四期试桩的端阻力-位移曲线

表 4-11　压浆前后端阻力对比

桩号	压浆前端阻力/kN	压浆后端阻力/kN	端阻力比值
S1	3 443	13 400	3.89
S3	1 110	8 000	7.21
N3	2 744	11 679	4.26
SZ4	8 485	33 375	3.93
NII-1(NII-2)	2 080	5 121	2.46
NII-4(NII-3)	2 638	8 448	3.20

3. 苏通大桥后压浆效果分析

(1)沉渣厚度与清底系数。桩的施工工艺因素(包括孔壁暴露的时间、孔壁形状、孔底沉渣的厚度、桩侧泥皮的厚度及性质等)都对桩的承载产生很大影响,其中沉渣厚度的影响尤为突出。孔底沉渣与泥浆的性能和静止时间有关,在一定的时间间隔内,泥浆的性能越好,沉渣越少;当泥浆性能一定时,时间越长,沉渣越厚,图 4-22 为二期工艺桩测得的沉渣厚度随时间变化的曲线。为衡量孔底沉渣对端阻力的影响,可采用清底系数来表示,清底系数为受沉渣影响的端阻力与原始土层的端阻力之比。表 4-12 为各期试桩沉渣厚度实测值以及清底系数反算值。由表 4-12 数据得到的清底系数与沉渣厚度关系见图 4-23,两者具有较好的相关性。

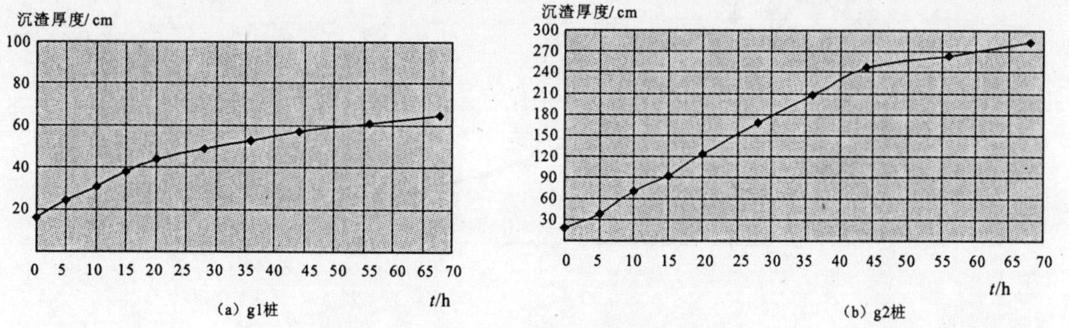

图 4-22　沉渣厚度随时间变化的曲线

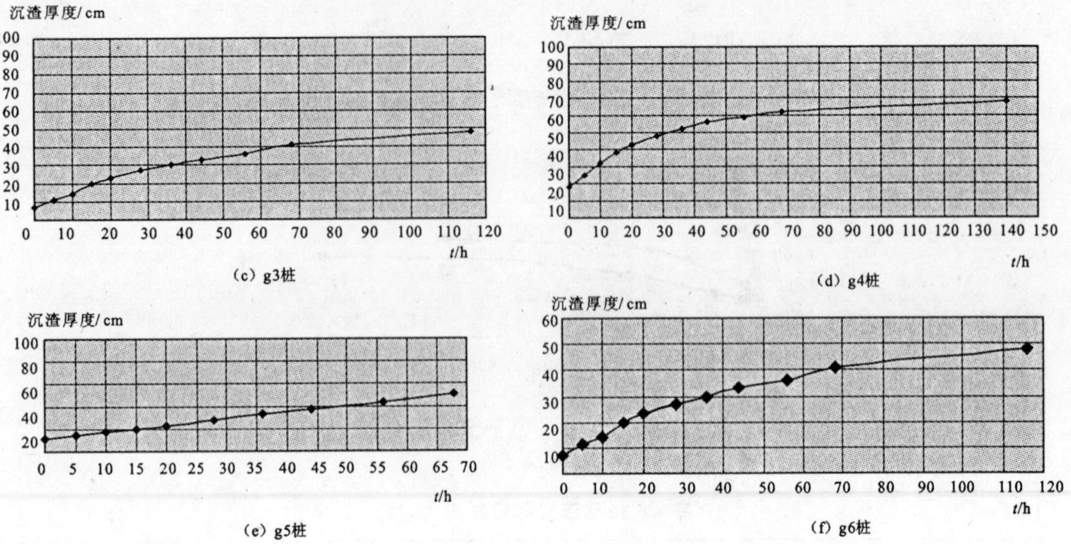

图 4-22 沉渣厚度随时间变化的曲线

表 4-12 沉渣厚度与清底系数表

桩号	直径/m	清底系数	清孔后沉渣厚度/cm
S1	1.5	0.42	16
S3	1.5	0.18	30
N2	1	0.31	19
N3	1.8	0.35	18
SZ4	2.5	0.9	3
NII-1(NII-2)	1.2	0.95	0
NII-4(NII-3)	1.5	0.78	0

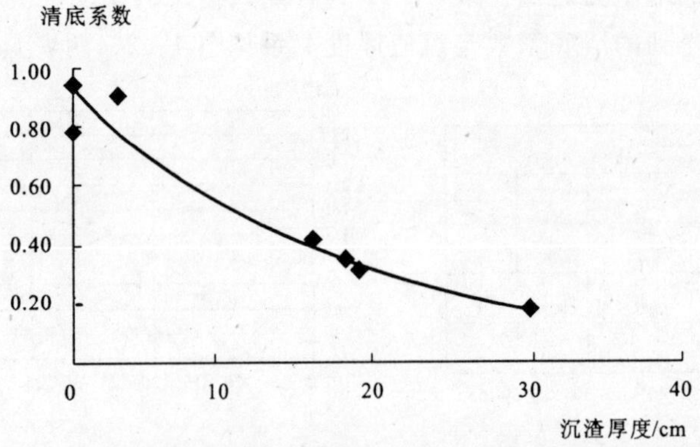

图 4-23 清底系数与沉渣厚度关系

清底系数 c_b 与沉渣厚度 δ 符合以下关系

$$c_b=0.9247e^{-0.0544\delta}$$

式中：c_b——清底系数；

δ——沉渣厚度，cm。

(2)压浆效果分析。由于工艺因素具有随机性的特点，使压浆前的桩端阻力及摩阻力的数值表现出很大的不确定性，因而使压浆效果亦表现出较大的离散性，上述实测数据很明显地反映出这一现象。

单从压浆效果来看，进行压浆前后承载性能的对比是合适的。但从定量计算的角度来看，由于存在一个不确定因素——工艺质量的影响，故不便进行定量的分析和正确的指导设计。因此，进行压浆效果分析前，有必要先排除工艺因素的影响，使压浆后的承载特性具有一个与土层条件高度相关的可比的参照数据。这一参照数据可采用根据地质勘察报告得出的规范值。

在《公路桥涵地基基础设计规范》JTJ024—85 中，钻孔桩的极限承载力计算公式

$$p=UL\tau_p+A\sigma_R \tag{4-1}$$

式中：U——桩的周长，m；

L——桩的有效长度，m；

A——桩底截面积，m^2；

τ_p——桩的平均极限摩阻力，kPa；

σ_R——桩端土极限承载力，kPa。

σ_R 可按下式计算

$$\sigma_R=2m_0\lambda\{[\sigma_0]+k_2\gamma_2(h-3)\} \tag{4-2}$$

式中：$[\sigma_0]$——桩端土的容许承载力，kPa；

h——桩端的埋置深度，m；

k_2——容许承载力随深度的修正系数；

γ_2——桩端以上土的容重，kN/m^3；

λ——修正系数；

m_0——清底系数。

对无沉渣情况，$m_0=1$，此时反映的是桩端土原始强度。式(4-2)主要是针对一般的中短桩提出的，对于大直径超长桩，原始端阻力测试值是否符合这一关系，或在原始端阻力与端阻力计算值之间有多大的差距，这个问题可根据四期试桩结果进行粗略分析。

为消除孔底沉渣对承载力的影响，反映持力层的实际端阻力，并检测桩端后压浆在零沉渣情况下的提高幅度，四期试桩采用了以下措施：①采用扁平钻头来减少对桩端土的扰动；②以“超标 PHP 泥浆”工艺来实现“桩底零沉渣”和控制泥皮厚度不大于 1mm；③改进和完善泥浆净化系统；④清孔后，从桩底注入 10m 高的鲜浆，将固相颗粒、沉渣阻止在其上。根据两根工艺桩连续 6d 的观测，实现了孔底沉渣为零的目标。四根试桩经过成孔质量检测，其孔底均实现了零沉渣的目标。根据清底系数的含义，零沉渣情况下的清底系数 $m_0=1$。

根据表 4-12，两根未压浆桩的清底系数反算值分别为 0.95 和 0.78，实测端阻力均小于计算值，但总体比较接近，为便于分析，不对式(4-2)进行修正，以计算值代表原始端阻力，则可得到压浆后各桩对原始端阻力和极限承载力的提高情况，见表 4-13。

表 4-13 对原始端阻力和极限承载力的提高情况表

类型	编号	端阻力/kPa			极限承载力/kN		
		压浆后测试值 A	计算值 B	A/B	压浆后测试值 D	计算值 E	D/E
一期	S1	7 586.7	3 963	1.91	37 500	28 025	1.34
	S2	3 510	1 959	1.79	28 000	18 354	1.53
	S3	4 529.4	1 959	2.31	32 000	18 354	1.74
	N3	4 591.9	4 709	0.98	40 900	32 067	1.28
二期	SZ2	3 215	3 026	1.06	96 481	75 415	1.28
	SZ3	6 700	4 624	1.45	96 746	66 840	1.45
	SZ4	6 803	1 913	3.56	100 538	67 626	1.49
三期	Z2	7 401	1 913	3.87	113 404	56 884	1.99
	Z6	6 743	3 026	2.23	111 270	58 515	1.90
	Z7	7 862	4 225	1.86	113 206	58 533	1.93
四期	NII-1	4 530	1 946	2.33		10 494	
	NII-2	4 530	1 946	2.33	20 075	10 494	1.91
	NII-3	4 783	1 912	2.50	28 349	14 616	1.94
	NII-4	4 783	1 912	2.50		14 616	

注：SZ2 桩测试间隔短，由取芯结果，底部浆液未完全凝固。

根据测试结果，压浆后极限承载力测试值是压浆前的 1.48～2.0 倍，压浆后端阻力是压浆前的 2.46～7.21 倍。

与计算值相比，压浆后极限承载力测试值是未压浆理论计算值的 1.28～1.99 倍，压浆后端阻力是未压浆理论计算值的 0.98～3.87 倍。

压浆前，极限承载力测试值是理论计算值的 0.76～1.34 倍，端阻力测试值是理论计算值的 0.18～0.95 倍。

(3)压浆效果检测与分析。

1)一期试桩检测。一期试桩对 S1、S2 进行了取芯，取芯孔布置见图 4-24。

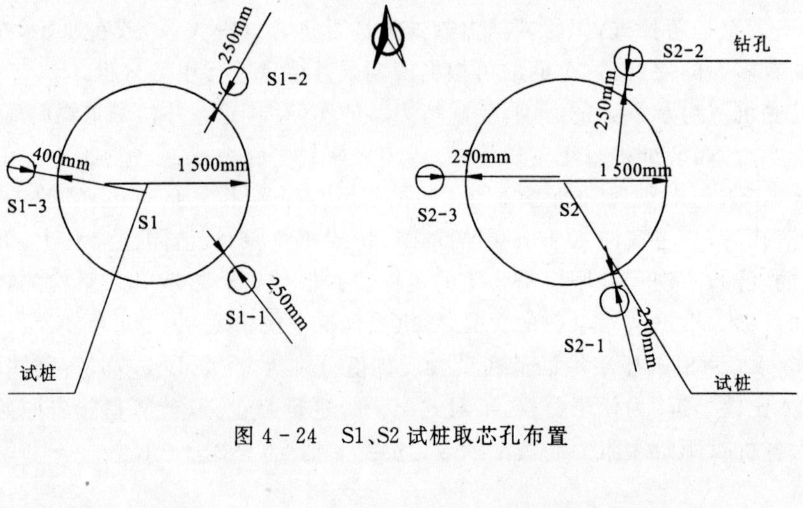

图 4-24 S1、S2 试桩取芯孔布置

由于 S1 桩所取芯样较软，做不了室内抗压试验，故在 S2 桩三个孔中做了标准贯入试验，经与相同位置对比，贯入击数普遍提高，最多击数大于 20 击，最少 7 击，具体见表 4-15～表 4-17。

S1 桩初见水泥浆位置从 76.8～80.00m 相差较大，水泥浆终了位置从 86.00～87.50m。S2 桩初见水泥浆位置从 54.20～54.80m，相差不大，水泥浆终了位置从 69.00～70.80m。水泥浆多以薄层状分布，层厚一般为 0.2～0.3cm，个别为 5～6cm。充填不均匀。初见水泥浆位置和水泥浆终了位置见表 4-14。

表 4-14 压浆取芯成果

孔号	孔深/m	初见水泥浆位置/m	水泥浆终了位置/m	离桩端距离（向上）/m	离桩端距离（向下）/m
S1-1	88	76.8	87.5	7.2	3.5
S1-2	86.9	78.1	86.2	5.9	2.2
S1-3	86.8	80	86	4	2
S2-1	71.9	54.4	70.8	14.6	1.8
S2-2	72	54.9	69	14.1	0
S2-3	71.8	54.2	70.5	14.8	1.5

表 4-15 S2-1 孔标贯对比

对比孔 SSZ2		S2-1		提高值
深度/m	击数/击	深度/m	击数/击	
58.15～58.45	31	58.85～59.15	49	18
62.10～62.40	30	62.65～62.95	>50	>20
66.30～66.60	39	62.95～66.25	46	7

表 4-16 S2-2 孔标贯对比

对比孔 SSZ2		S2-2		提高值
深度/m	击数/击	深度/m	击数/击	
56.20～56.50	33	56.15～56.45	51	18
60.10～60.40	37	59.45～59.75	>50	>13

表 4-17 S2-3 孔标贯对比

对比孔 SSZ2		S2-3		提高值
深度/m	击数/击	深度/m	击数/击	
54.2～54.50	34	55.55～55.85	48	14
60.10～60.40	37	60.15～60.45	51	14
64.30～64.60	36	63.15～63.45	>50	>14

2)二期试桩检测。SZ2 桩共打 5 个钻孔，分别为 1 号孔(k-e-0.5)距桩 0.5m，2 号孔(k-e-1)距桩 1.0m，3 号孔(k-e-4)距桩 4.0m，4 号孔(k-e-2)距桩 2.0m，如图 4-25(a)所示。实测结果表明，试桩注浆后，水泥浆分布较为集中，在－126m 以下只是零星局部分布，大量水泥浆分布于－126～－120m 附近，明显形成了一个向上弧形扩大头型水泥浆影响区，水泥浆局部可上窜至－115m。

SZ3 共打 5 个钻孔，分别为 1 号孔(距桩 0.5m)，2 号孔(距桩 1.0m)，3 号孔(距桩 4.0m)，4 号孔(距桩 2.0m)，如图 4-25(b)所示。实测结果，桩长 106m，水泥注浆后，向 1 号、2 号、4 号孔方向桩侧局部形成扩大头，但向 3 号孔方向桩侧注浆效果不明显。注浆主要集中于桩底下 1m(深 107m)以上部位，注浆在桩壁附近上窜高度达 10m 以上(深 96m)。SZ3、SZ2 桩的 CT 扫描图像见图 4-26 和图 4-27。

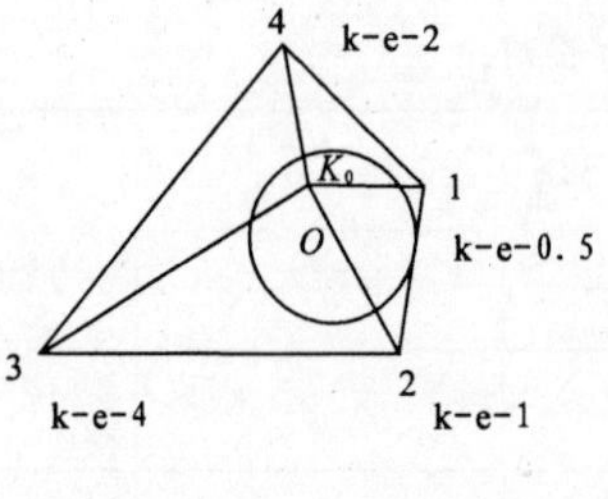

(a) SZ2

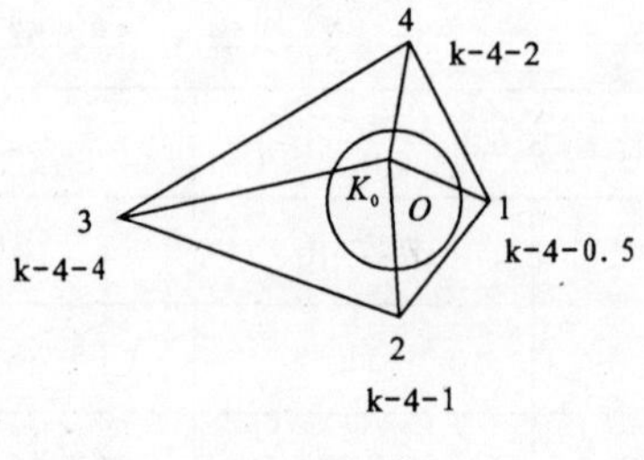

(b) SZ3

图 4-25 二期试桩取芯位置布置图

(4)浆液上升高度理论计算值与检测结果的比较。将有关参数代入第二章有关公式进行计算，则可得各桩的浆液出口压力和浆液上升高度，取压浆过程中的稳定压力，计算结果见表 4-18。

浆液在压力作用下沿着桩侧往上返，即使在渗透性强的土层中也是如此，在 SZ3 桩的 CT 扫描图像中很清楚地反映出这一点，水泥浆和加固均紧贴着桩身，内层为水泥浆，外层为加固区。浆液在上升过程中，在对桩周土进行挤压的同时，在透水性强的砂土中，还存在渗透现象，但即使在粗砂中，其扩散范围也不超过 2m；在渗透性较差的土层中，水泥浆主要存在于紧贴桩身的很小范围内，而由挤密产生的加固区远大于水泥浆存在的范围。

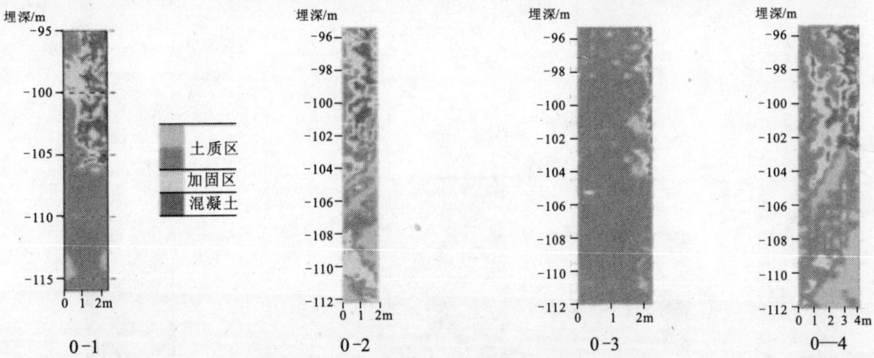

（a）0-1，0-2，0-3，0-4剖面CT扫描图

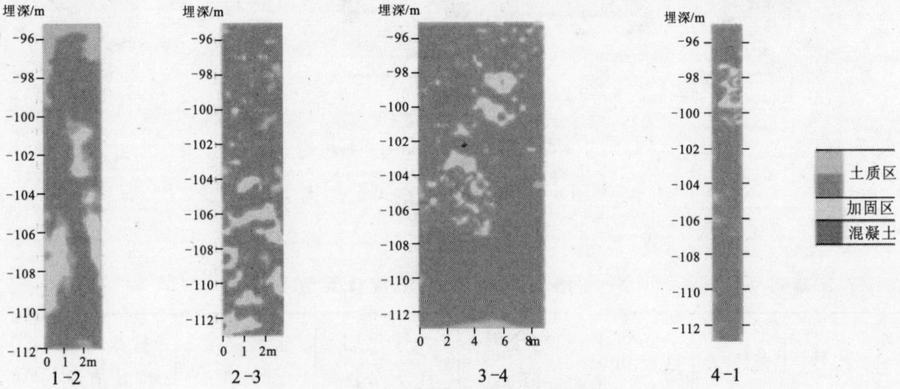

（b）1-2，2-3，3-4，4-1剖面CT扫描图

图 4-26　SZ3 桩的 CT 扫描图

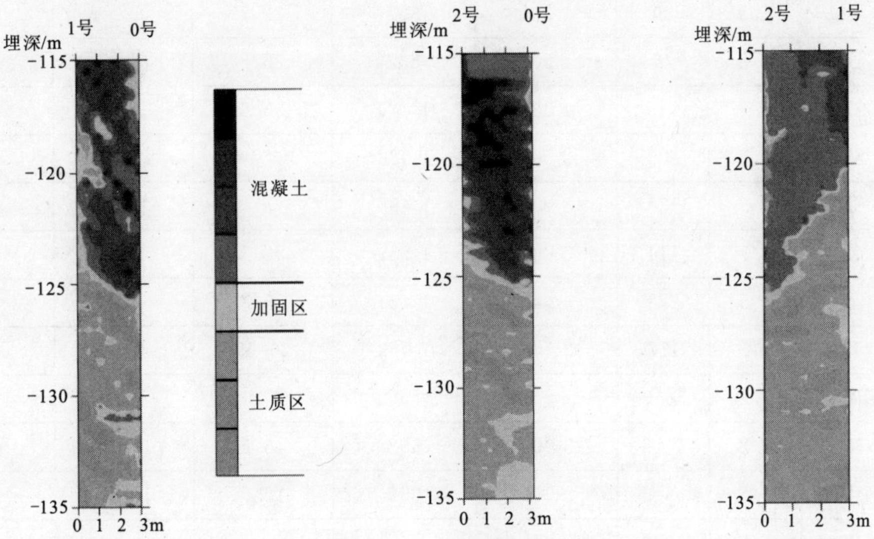

（a）0-1,0-2,1-2剖面CT扫描图

图 4-27　SZ2 桩的 CT 扫描图

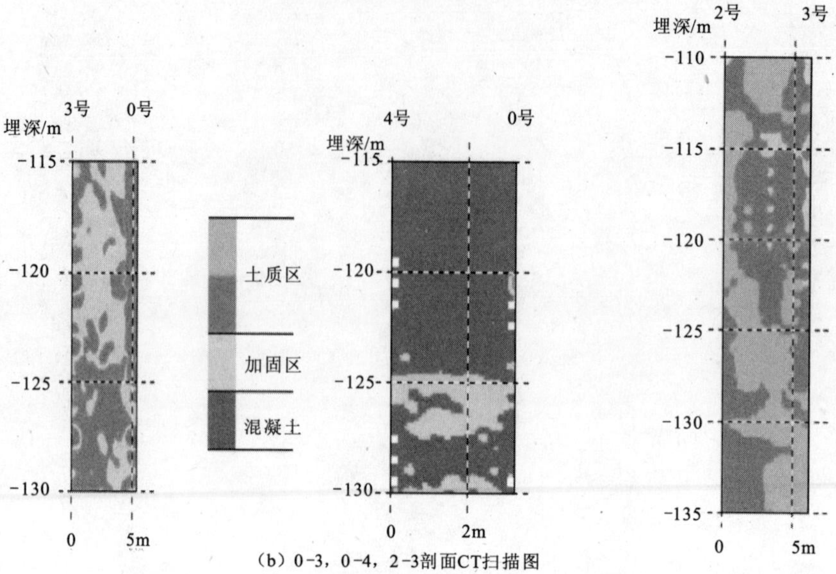

(b) 0-3，0-4，2-3剖面CT扫描图

图 4-27 SZ2 桩的 CT 扫描图

表 4-18 上升高度计算值

类型	孔号	直径/m	桩长/m	稳定压力/kPa	压浆出口压力/kPa	上升高度/m	检测结果推算值/m	压浆管路外径/mm
一期	S1	1.5	84	1 500	690	17	>10.3	ϕ60
	S2	1.5	69	1 500	827	20.7	>15	ϕ60
	S3	1.5	69	1 500	827	20.7		ϕ60
	N3	1.8	76	1 500	832	20.8		ϕ60
二期	SZ2	2.5	125	4 000	1 426	35.6	>10	ϕ25
	SZ3	2.5	106	2 500	1 083	27	>10	ϕ60
	SZ4	2.5	125	3 000	1 495	37		ϕ60
三期	Z2	2.5	114	3 000	1 531	38.3		ϕ60
	Z6	2.5	126	4 000	1 432	35.8		ϕ25
	Z7	2.5	117	2 500	1 062	26.55		ϕ60
四期	NII-1	1.2	58.9					
	NII-2	1.2	58.9	3 000	662	16.5	19.12	ϕ25
	NII-3	1.5	63.6	3 000	662	16.5	14.27	ϕ25
	NII-4	1.5	63.6					

由于桩端出浆口压力在上升过程中逐渐衰减，水泥浆的厚度也随高度增加而逐渐减少。

在一期和二期的取芯检测中，取芯钻孔离桩最近的有 250mm，最远的有 4m，即水泥浆的厚度必须大于 250mm 才能被取到，故该方法无法确定浆液的准确上升范围。CT 扫描只对桩端局部区域进行，也无法确定浆液的准确上升范围。故检测结果只能作为参考。表 4－18 为上升高度计算值，除四期外，检测推算值比计算数据明显小。

4.2　郑州黄河二桥试桩的现场试验研究

4.2.1　工程概况

新郑黄河公路特大桥桥长 9 848m，是京珠国道主干线新乡至郑州段内一特大型桥梁。该桥主桥采用(11×100m)下承式钢管混凝土系杆拱结构型，引桥采用 35m 和 50m 跨预应力混凝土简支 T 形梁结构，下部采用钻孔灌注桩基础。

试桩处于同一场地，桩径 2.2m，桩长 62m，采用后压浆技术。6 根试桩分三批进行：第一批试桩 Z2、Z3(未压浆)；第二批试桩 Z1(桩底、桩侧同时压浆)和试桩 Z4(桩底压浆)；第三批试桩 Z2、Z3(桩侧压浆)，试桩 Z5(桩底压浆)，试桩 Z6(桩底、桩侧同时压浆)。

6 根试桩位于黄河特大桥 130 号墩与 131 号墩之间，6 根试桩桩位平面布置见图 4－28、地层分布见表 4－19、侧压管布置见表 4－20。各桩压浆参数见表 4－21。

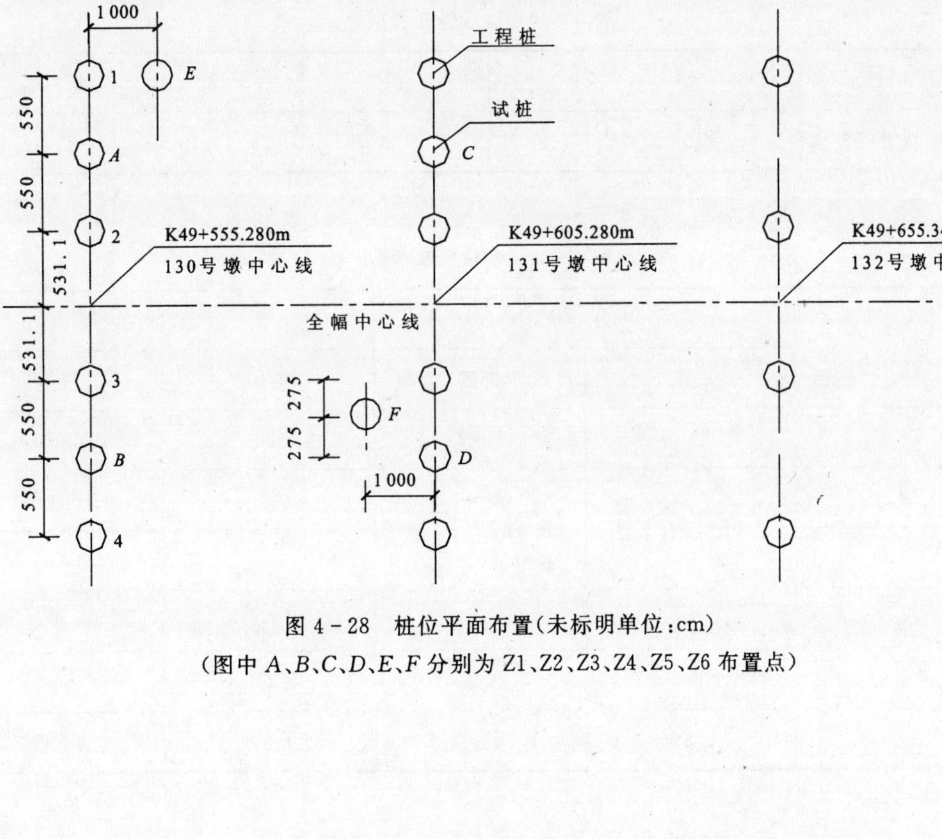

图 4－28　桩位平面布置(未标明单位：cm)
(图中 A、B、C、D、E、F 分别为 Z1、Z2、Z3、Z4、Z5、Z6 布置点)

表 4-19 试桩地层分布表

层号	层底标高/m	层底深度/m	分层厚度/m	岩性特征
①	83.80～86.57	4.20～6.50	4.20～6.50	亚砂土，黄色、黄褐色，硬塑。地表为耕土
②	72.77～72.80	17.50～18.00	11.00～13.80	亚黏土或粉砂，软塑或松散
③	47.77～58.30	32.00～43.00	14.50～25.00	中砂，深灰色，局部含细砂、砾石，层底为粗砂，中密—密实
④	45.77～54.30	36.00～45.00	2.00～4.00	黏土或亚黏土，黄褐色、杂灰绿，硬塑
⑤	23.30～32.77	58.00～70.40	13.00～31.00	细砂或中砂，黄色-灰色，局部夹中砂或细砂薄层，密实
⑥	19.80～28.77	62.00～70.50	3.50～4.00	亚黏土，黄褐色、杂灰绿色，硬塑
⑦	19.80～28.77 以下	最大钻孔深度 70.50	揭露层厚 0～8.50	细砂，褐黄色，密实

表 4-20 侧压管布置表

桩　号	Z1	Z2	Z3	Z6
侧压浆管离桩顶距离/m	25、37、49	25、37、49、61	25、37、49、61	25、37、49

表 4-21 各桩压浆参数

桩号	压力/MPa		压浆量/kg	
	桩端	桩侧	桩端	桩侧
Z1	4	0.5～2.5	3 200	2 000
Z2		1.23～1.9		4 400
Z3		0.5～2.5		4 000
Z4	2		3 500	
Z5	5.41		5 200	
Z6	3.52	1.28～2.45	6 000	4 500

4.2.2　试验结果

1. 压浆前的静载荷试验结果

对试桩 2 及试桩 3 进行了压浆前的静载荷试验，试验结果见图 4－29，图中纵坐标的上部代表荷载箱向上的位移，下部代表荷载箱向下的位移。

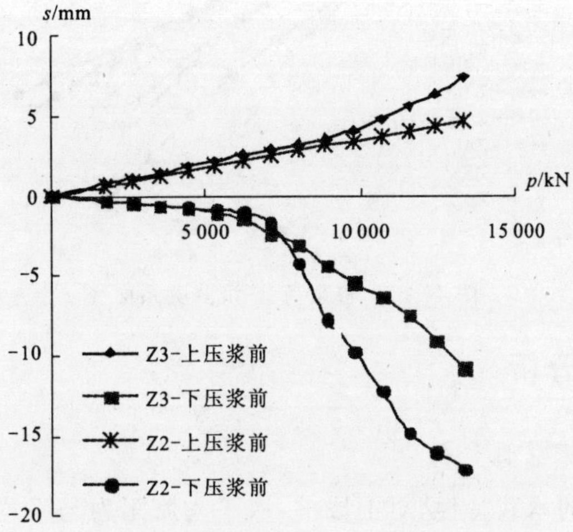

图 4－29　压浆前的自平衡静载荷试验曲线

2. 压浆后的静载荷试验结果

由自平衡测试法得到的上段桩荷载-位移曲线及下段桩的荷载-位移曲线如图 4－30 所示。

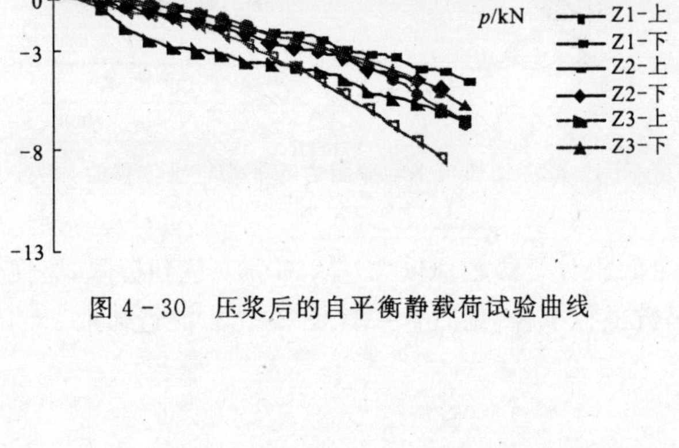

图 4－30　压浆后的自平衡静载荷试验曲线

3. 自平衡静载荷试验的转换曲线

经转换得到桩顶荷载-沉降关系曲线，见图 4-31。

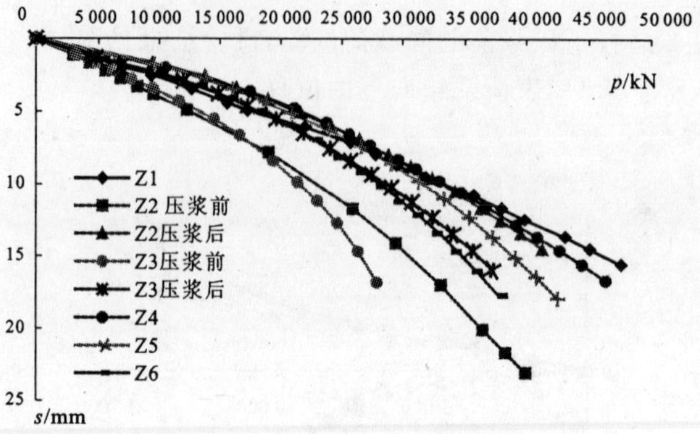

图 4-31 桩顶荷载-沉降关系曲线

4.2.3 压浆效果分析

1. 压浆前后桩的承载特性

为比较压浆前后桩的承载特性，对上段桩，取平均摩阻力与平均桩土位移的关系进行分析，见图 4-32。对下段桩，结合桩身埋设的钢筋计的测试结果，分别得出桩端阻力与位移关系及桩侧摩阻力与平均位移关系，见图 4-33 和图 4-34。

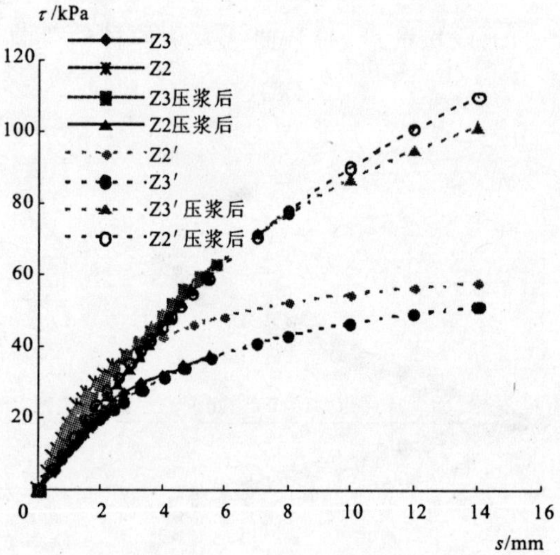

图 4-32 上段桩平均摩阻力与平均桩土位移的关系

由于各桩上下桩段的相对位移差别较大且大部分未达到极限，为便于分析，对无明显拐点的曲线，采用双曲线函数进行拟合，见图 4-32、图 4-33，并近似取 $s=15$mm 对应的摩阻力作为摩阻力极限值。

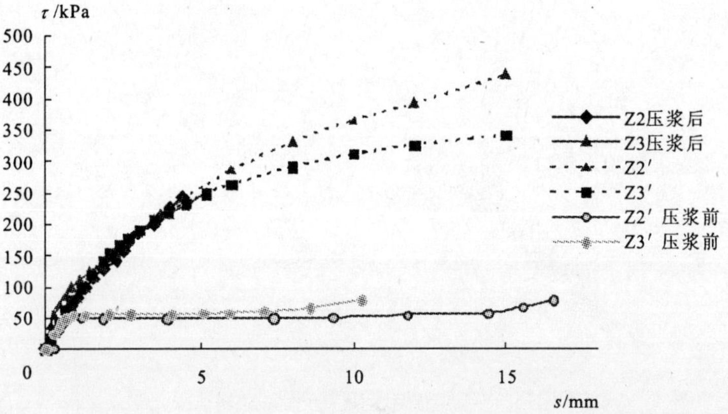

图 4 - 33　下段桩平均摩阻力与平均桩土位移关系曲线

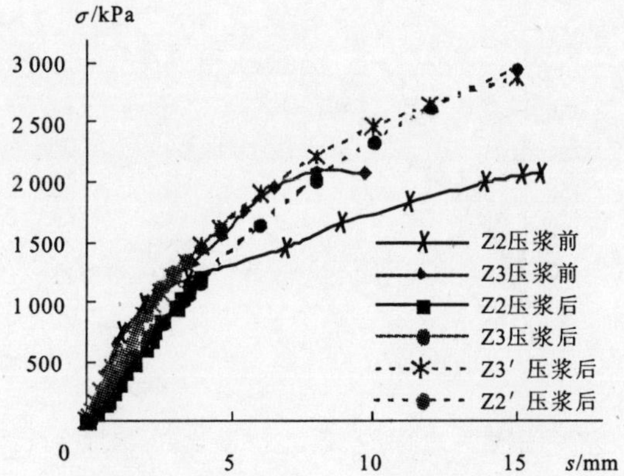

图 4 - 34　桩端阻力与位移关系曲线

由图 4 - 32，取 s＝15mm 进行比较，Z2 压浆前后上段桩的平均摩阻力分别为 57kPa、114kPa，提高幅度为 100％；Z3 压浆前后上段桩的平均摩阻力分别为 51kPa、104kPa，提高幅度为 104％。说明进行侧压浆后，上段桩的平均摩阻力提高明显。

由图 4 - 33，压浆前下段桩平均摩阻力极限值分别为 55.6kPa、53.09kPa，压浆后下段桩平均摩阻力极限值（s＝15mm）分别为 437kPa、342kPa，提高幅度分别达 5.9 倍和 4.4 倍。

Z2 桩压浆前后桩端阻力分别为 2 046kPa、2 958.58kPa，提高幅度为 45％，Z3 桩压浆前后桩端极限值分别为 2 088kPa、2 873.56kPa，提高幅度为 38％。按式（4 - 2）计算的理论值为 2 866kPa，则 Z2、Z3 的清底系数分别为 0.71 和 0.73。压浆后，桩端极限端阻力与理论计算值的比值分别为 1.03 和 1。

2. 不同压浆方式的效果对比

图 4 - 35 为实测的上段桩摩阻力-平均位移曲线及其双曲线拟合曲线，图 4 - 36、图 4 - 37 分别为下段桩摩阻力-平均位移曲线、端阻力-位移曲线及其拟合曲线。为便于分析，近似取 s＝15mm 对应的摩阻力作为摩阻力极限值，取 s＝15mm 对应的端阻力作为桩端阻力的比较值。

由图 4-35～图 4-37，各桩的桩侧摩阻力及端阻力(s=15mm)见表 4-22。

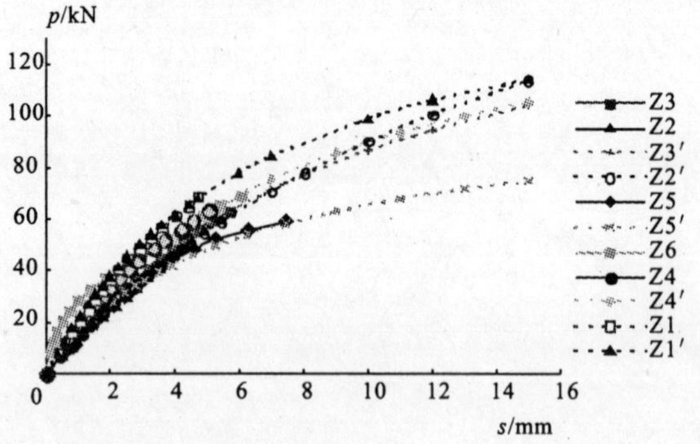

图 4-35 不同压浆方式桩侧摩阻力-平均位移关系对比(上段桩)

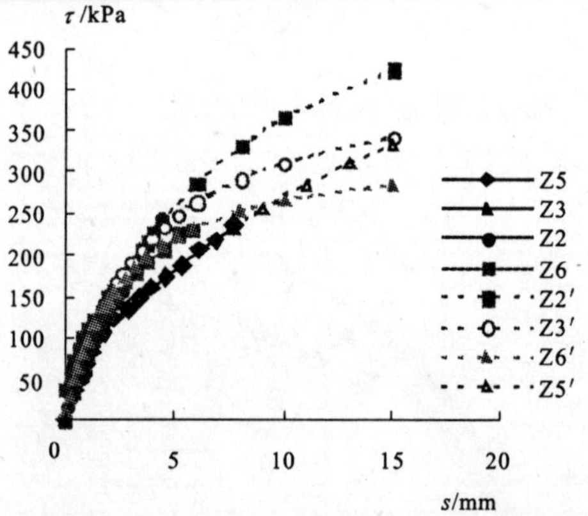

图 4-36 不同压浆方式的桩侧摩阻力-平均位移关系曲线(下段桩)

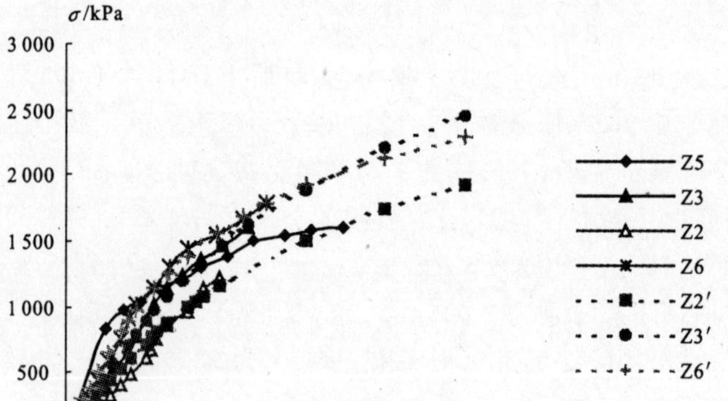

图 4-37 不同压浆方式的桩端阻力-位移关系曲线

表 4-22　各桩的桩侧摩阻力及端阻力

桩　号		Z1	Z2	Z3	Z4	Z5	Z6
摩阻力/kPa	上段桩	114.5	114	104	105	74	105
	下段桩		437	342		333	284.7
桩端阻力/kPa			2 958.6	2 873.6	3 614	2 013	2 286

根据上述数据，可得出如下规律：①与压浆前的数据相比，各种压浆方式的桩身上段、下段的摩阻力均有不同程度的提高。②不同压浆方式对整个桩身的影响并未表现出明显差异。说明无论是桩侧压浆、桩端压浆还是桩侧压浆桩端联合压浆，浆液的作用方式基本相同。图 4-35 中，Z5 的上段桩极限摩阻力低于其他桩，但同样采用桩端压浆的 Z4 桩，其摩阻力却与 Z1、Z2、Z3、Z6 相当；桩侧、桩端压浆的 Z1 桩，其上段桩的极限摩阻力为最大，而下段桩的极限摩阻力却最低。③压浆量存在一个合理的数值，并不是越大越好。Z6 桩压浆量最大，其承载特性却并不比压浆量最小的 Z4 桩好。

第五章 后压浆对超长灌注桩承载性能影响的有限元分析

5.1 土的本构模型

5.1.1 基本方程

根据弹塑性理论，总应变可分成弹性应变和塑性应变，其增量形式为

$$d\varepsilon = d\varepsilon^{e} + d\varepsilon^{p}$$

弹性应变可应用广义虎克定律计算，其表达式为

$$\{d\sigma\} = [D]\{d\varepsilon^{e}\}$$

塑性应变可根据增量理论计算，需要确定材料的屈服函数、流动法则和硬化规律。

土可看作加工硬化材料，屈服面是应力和硬化参数的函数，其关系表达式为

$$f(\sigma_{ij}) = F(H) \quad 或 \quad f(\sigma_{ij}, H) = 0$$

塑性流动是由塑性势所引起的。塑性势面可用塑性函数 g 表示，它是应力状态的函数。塑性应变增量与应力$\{\sigma\}$之间的关系服从流动法则，其表达式为

$$d\varepsilon_{ij}^{p} = d\lambda \frac{\partial g}{\partial \sigma_{ij}}$$

式中：$d\lambda$——比例常数。

若假定塑性势函数与屈服函数一致，即 $f(\sigma_{ij}) = g(\sigma_{ij})$，则为关联塑性流动法则。根据塑性应变增量理论，可得到弹塑性应力-应变的普遍关系式

$$\{d\sigma\} = [D_{ep}]\{d\varepsilon\}$$

式中：$[D_{ep}]$——弹塑性矩阵，可由下式表示

$$[D_{ep}] = [D] - \frac{[D]\left\{\frac{\partial g}{\partial \sigma}\right\}\left\{\frac{\partial f}{\partial \sigma}\right\}^{T}[D]}{A + \left\{\frac{\partial f}{\partial \sigma}\right\}^{T}[D]\left\{\frac{\partial g}{\partial \sigma}\right\}}$$

式中：$A = F'\left\{\frac{\partial H}{\partial \varepsilon^{p}}\right\}^{T}\left\{\frac{\partial g}{\partial \sigma}\right\}$。

5.1.2 Mohr－Coulomb 模型

1. Mohr－Coulomb 屈服准则

对于一般受力情况的岩土，其抗剪强度可用 Mohr－Coulomb 公式表示为

$$\tau_n = c - \sigma_n \tan\varphi \tag{5-1}$$

式中：τ_n——极限抗剪强度；

σ_n——受剪面上的法向应力，以拉为正。

Mohr - Coulomb 抗剪强度曲线如图 5 - 1 所示。

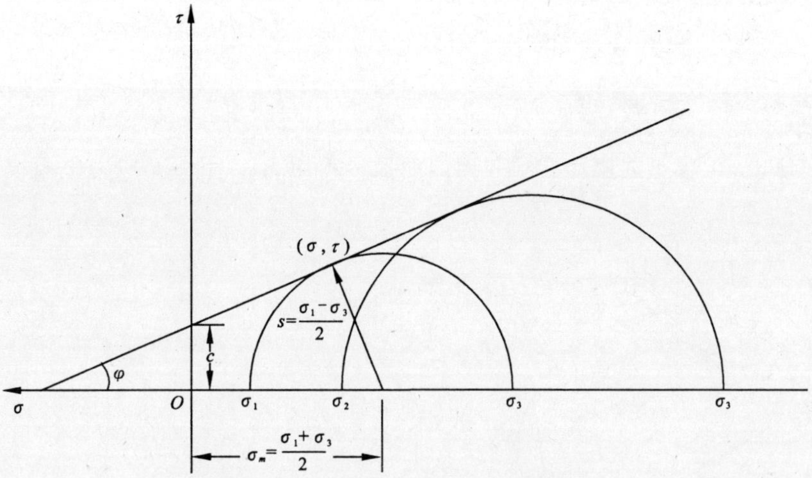

图 5 - 1　Mohr - Coulomb 抗剪强度曲线

Mohr - Coulomb 模型屈服面是一个不规则的六角形截面的角锥体表面，见图 5 - 2，其在 π 平面上的投影如图 5 - 3 所示。

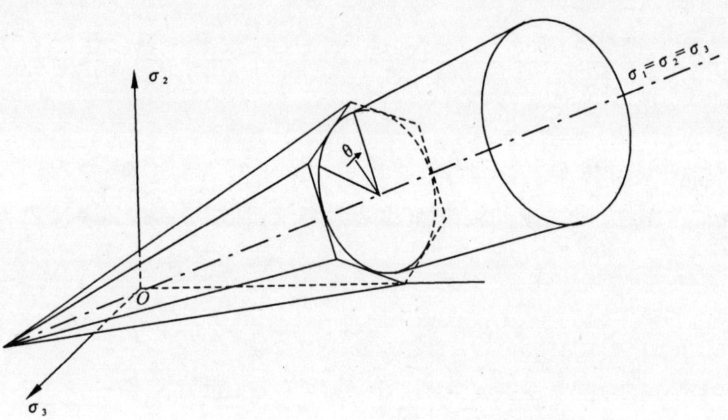

图 5 - 2　Mohr - Coulomb 模型屈服面

式(5 - 1)还可采用应力不变量表示为以下形式

$$F = p\sin\varphi + \frac{1}{\sqrt{3}}\left(\cos\theta_\sigma - \frac{1}{\sqrt{3}}\sin\theta_\sigma\sin\varphi\right)q - c\cdot\cos\varphi = 0 \tag{5-2}$$

式中：$q = \frac{1}{\sqrt{2}}\left[(\sigma_1-\sigma_2)^2+(\sigma_2-\sigma_3)^2+(\sigma_3-\sigma_1)^2\right]^{\frac{1}{2}}$；

$p=\frac{1}{3}(\sigma_1+\sigma_2+\sigma_3)$；

θ_σ——罗德角，$\theta_\sigma=\frac{1}{3}\sin^{-1}\left(\frac{-3\sqrt{3}}{2}\frac{J_3}{q^3}\right)$；

J_3——第三偏应力不变量，$J_3=S_1S_2S_3$。

式(5-2)还可简化为

$$R_{mc}\cdot q+p\cdot\tan\varphi-c=0 \tag{5-3}$$

式中：$R_{mc}=\frac{1}{\sqrt{3}}\left(\cos\theta_\sigma-\frac{1}{\sqrt{3}}\sin\theta_\sigma\sin\varphi\right)$。

Mohr-Coulomb 模型屈服面在子午面内的投影可用 $R_{mc}\cdot q-p$ 应力平面表示，见图 5-4。

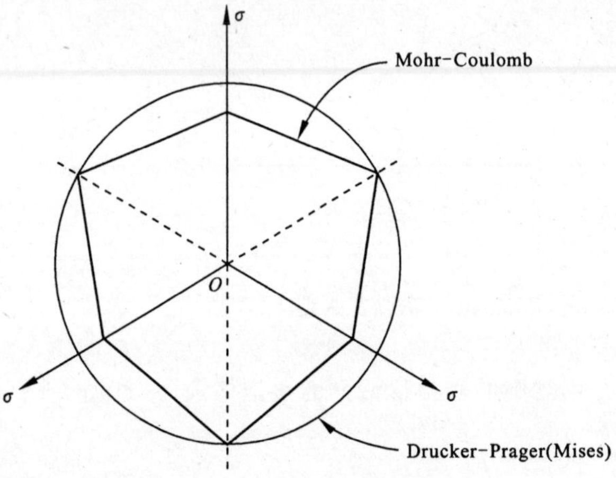

图 5-3 π平面上的投影

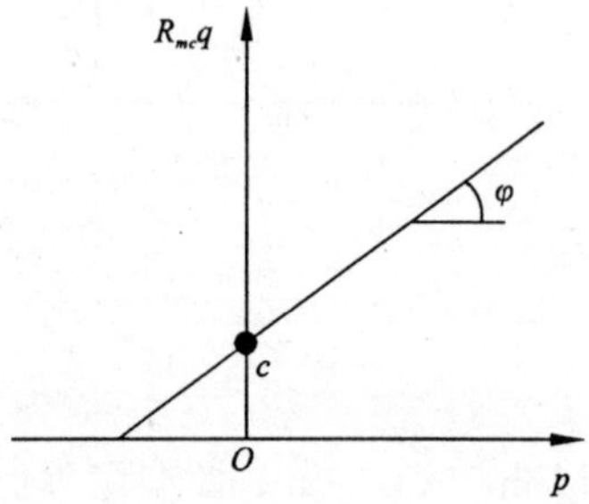

图 5-4 $R_{mc}\cdot q-p$ 应力平面

2. 流动法则

在子午面内，流动势函数采用双曲线函数表示，如图 5-5 所示，在 π 平面内采用 Menétrey 和 Willam 在 1995 年提出的圆滑椭圆函数表示，见图 5-6，其表达式为

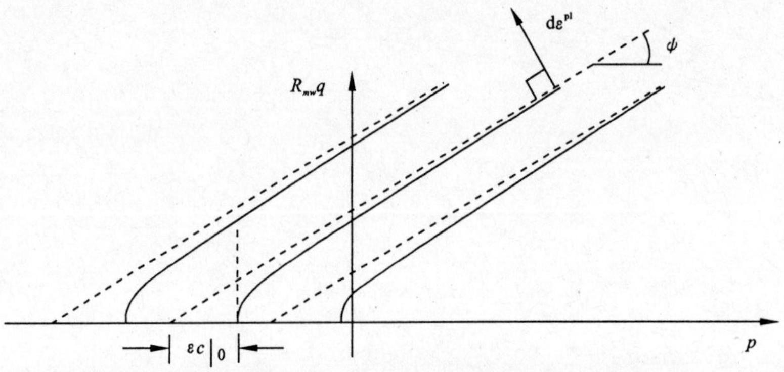

图 5-5 子午面内双曲线流动势函数

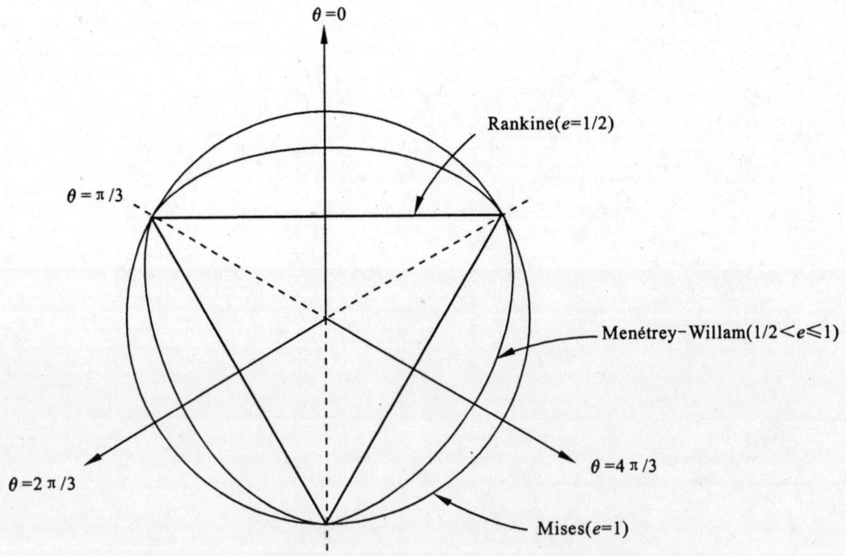

图 5-6 π平面内 Menétrey 和 Willam 提出的流动势函数

$$g=\sqrt{(\varepsilon c|_0\tan\psi)^2+(R_{mw}q)^2}-p\tan\psi \tag{5-4}$$

式中：$R_{mw}(\theta_\sigma,e)=\dfrac{4(1-e^2)\cos^2\theta_\sigma+(2e-1)^2}{2(1-e^2)\cos\theta_\sigma+(2e-1)\sqrt{4(1-e^2)\cos^2\theta_\sigma+5e^2-4e}}R_{mc}\left(\dfrac{\pi}{6},\varphi\right)$；

$R_{mc}\left(\dfrac{\pi}{6},\varphi\right)=\dfrac{3-\sin\varphi}{6\cos\varphi}$；

ψ——在 $R_{mc}\cdot q-p$ 应力平面内的膨胀角；

$c|_0$——初始屈服应力；

ε——系数，表示子午面内双曲线接近渐进线的程度；

e——偏应力参数，一般取 $e=\dfrac{3-\sin\varphi}{3+\sin\varphi}$。

5.2 计算模型

5.2.1 模型参数

计算时桩体混凝土采用线弹性模型，地基土采用 Mohr-Coulomb 模型，考虑桩土之间的相对滑动及土体和桩体的重力。

取两种桩长情况进行计算。

(1)$L=50$m，竖向边界取 $2.5L$，侧向边界取 $10D$。

(2)$L=100$m，竖向边界取 $2L$，侧向边界取 $10D$。桩端压浆固结体采用直径为 D_b，高度为 D 的圆柱体表示。计算模型示意图见图 5-7。

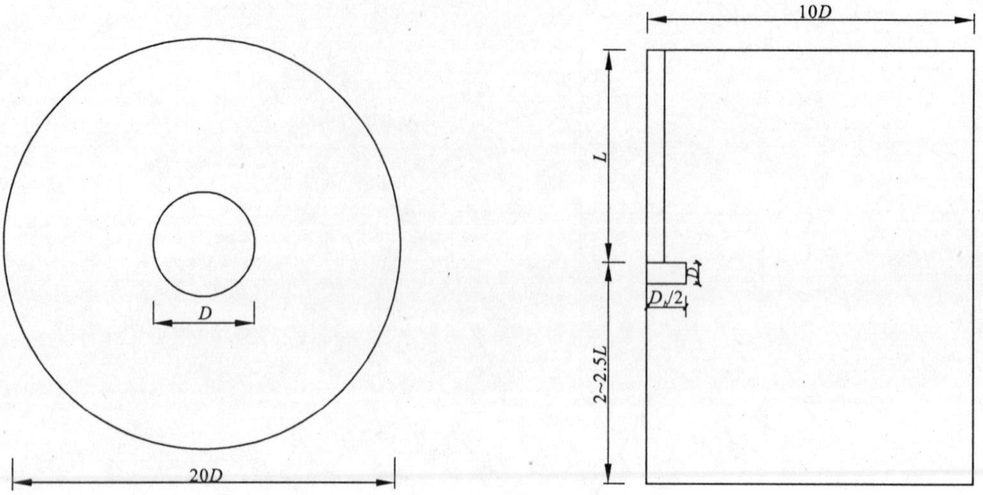

图 5-7 计算模型示意图

模型土表面为自由边界，土侧和土的底部取为固定支座。为减少单元网格，考虑到模型的轴对称性，取 1/4 进行计算，计算结果不受影响。对称面上的边界条件为：约束垂直于对称面方向的位移。部分计算模型的网格划分见图 5-8 。

网格中，对三角形单元采用 6 节点等参数单元，对四边形单元采用 8 节点等参数单元。

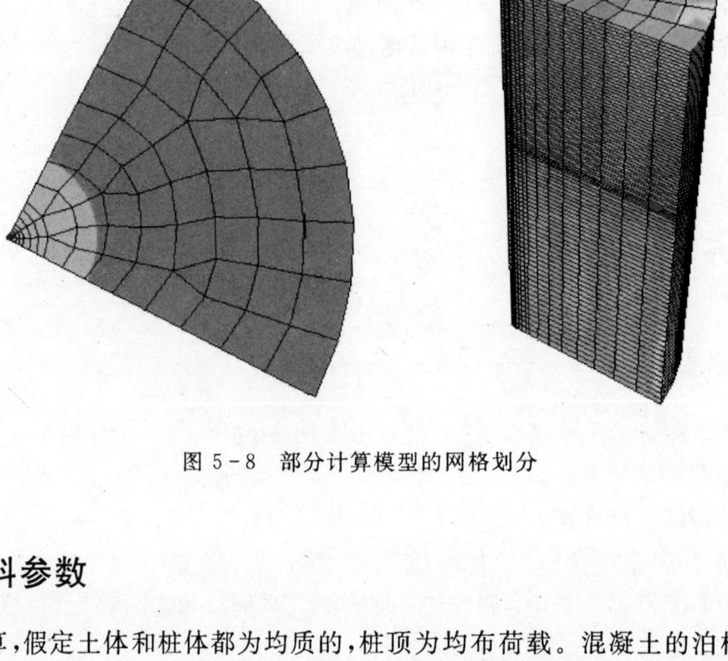

图 5-8 部分计算模型的网格划分

5.2.2 材料参数

为便于计算，假定土体和桩体都为均质的，桩顶为均布荷载。混凝土的泊松比为 $\nu=0.2$，

弹性模量 $E=2.8\times10^4$ MPa，桩径 $D=2.5$m。土体参数见表 5-1，桩端加固区参数见表 5-2，桩端加固区参数的第一种情况与土体参数相同，为苏通大桥试桩地层参数的加权平均值。

表 5-1　土体参数

c/kPa	φ/(°)	E/MPa	K_0	ν
20	30	60	0.6	0.35

表 5-2　桩端加固区参数

<table>
<tr><th rowspan="2">桩长/m</th><th rowspan="2">桩径/m</th><th colspan="5">加固区参数</th></tr>
<tr><th>直径/m</th><th>c/kPa</th><th>φ/(°)</th><th>E/MPa</th><th>ν</th></tr>
<tr><td rowspan="15">①100
②50</td><td rowspan="15">2.5</td><td rowspan="5">5</td><td>5</td><td>38</td><td>60</td><td>0.3</td></tr>
<tr><td>5</td><td>40</td><td>100</td><td>0.3</td></tr>
<tr><td>350</td><td>30</td><td>200</td><td>0.22</td></tr>
<tr><td>1 000</td><td>30</td><td>600</td><td>0.22</td></tr>
<tr><td></td><td></td><td>2 000</td><td>0.2</td></tr>
<tr><td rowspan="5">7.5</td><td>5</td><td>38</td><td>60</td><td>0.3</td></tr>
<tr><td>5</td><td>40</td><td>100</td><td>0.3</td></tr>
<tr><td>350</td><td>30</td><td>200</td><td>0.22</td></tr>
<tr><td>1 000</td><td>30</td><td>600</td><td>0.22</td></tr>
<tr><td></td><td></td><td>2 000</td><td>0.2</td></tr>
<tr><td rowspan="5">10</td><td>5</td><td>38</td><td>60</td><td>0.3</td></tr>
<tr><td>5</td><td>40</td><td>100</td><td>0.3</td></tr>
<tr><td>350</td><td>30</td><td>200</td><td>0.22</td></tr>
<tr><td>1 000</td><td>30</td><td>600</td><td>0.22</td></tr>
<tr><td></td><td></td><td>2 000</td><td>0.2</td></tr>
</table>

5.3 桩端加固体参数对桩承载力影响的计算

5.3.1 计算模型的检验

为检验计算模型及参数的选择是否合理，首先不考虑桩端注浆的影响，分别取桩长 100m 和 125m 两种情况进行计算并与试验资料进行对比，其他参数同 5.2.2，计算结果见图 5-9 和图 5-10。图 5-9 中对比桩为 2 期试桩 SZ4(压浆前)，其桩长为 106m，根据应力测试结果，扣除上部 6m 摩阻力后所得结果。图 5-10 中对比曲线为南京水利科学研究院离心模型试验结果，模拟对象为苏通大桥主塔下桩长 125m、桩径 2.5m 的单桩。

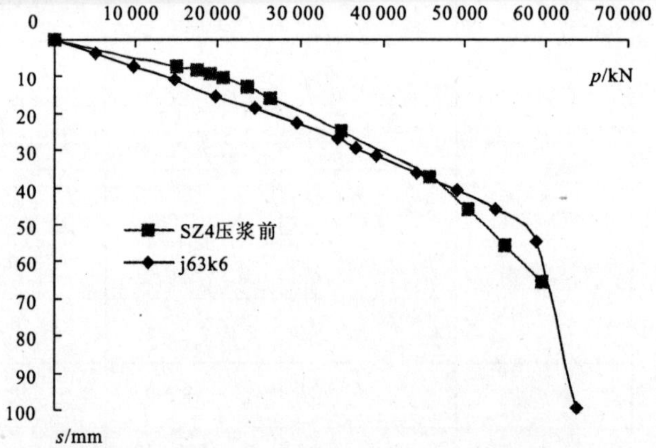

图 5-9 有限元结果与静载荷试验结果对比

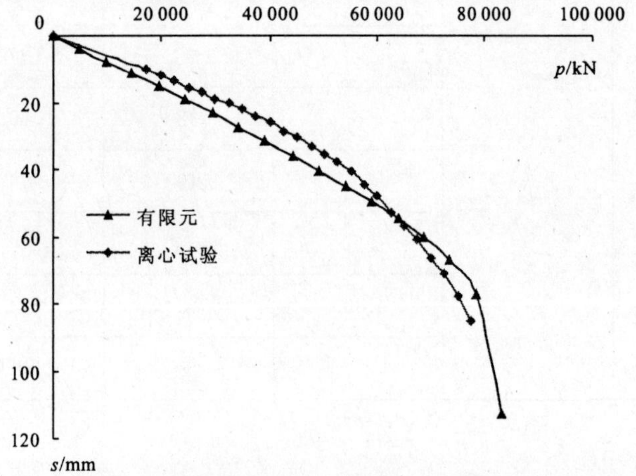

图 5-10 有限元结果与离心试验结果对比

由上述对比曲线，当 $s=40$mm 时，有限元结果比静载荷试验结果小 4%，比离心试验结果小 12.5%；当 $s=60$mm 时，有限元结果比静载荷试验结果大 5%，与离心试验结果相同。有限元计算结果与试验结果有一定的误差。但从总体看，有限元计算结果还是比较理想的，说明计算模型和参数的选择基本是合理的。

5.3.2　有限元计算结果

为简化计算，不考虑桩端压浆对桩周土和桩土界面的影响，这并不能反映桩的实际承载力，但当施工参数、土层参数确定时，并不影响桩端加固体参数与承载力提高幅度之间的规律。取桩长分别为 100m 和 50m 两种情况进行计算，得出以下计算结果。

1. 桩长 50m

当桩端加固体强度相同而直径不同时，计算结果如图 5-11 所示。当桩端加固体直径相同而强度不同时，计算结果如图 5-12 所示。计算模型的竖向位移分布、应变分布及桩端应力分布如图 5-13、图 5-14 所示。

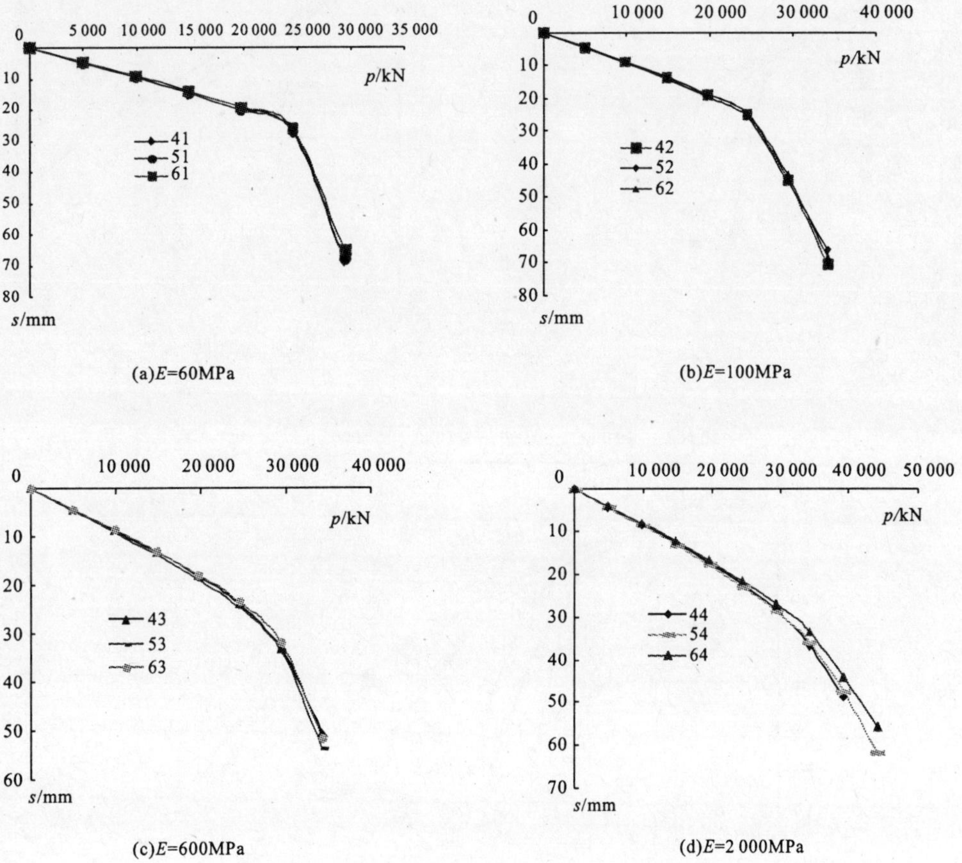

(a)E=60MPa　(b)E=100MPa

(c)E=600MPa　(d)E=2 000MPa

图 5-11　桩端加固体直径不同时的计算结果

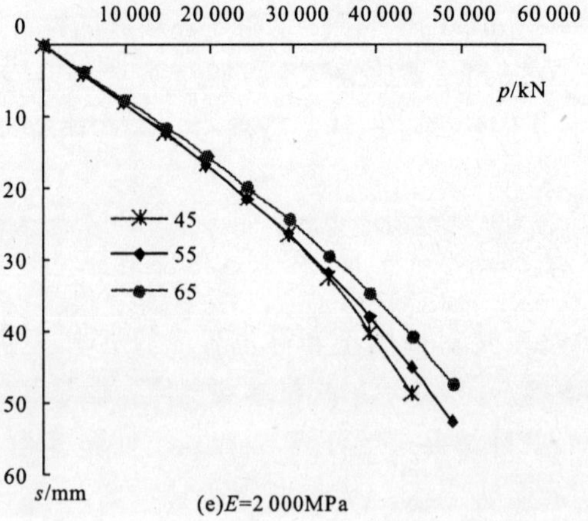

(e)E=2 000MPa

图 5－11　桩端加固体直径不同时的计算结果

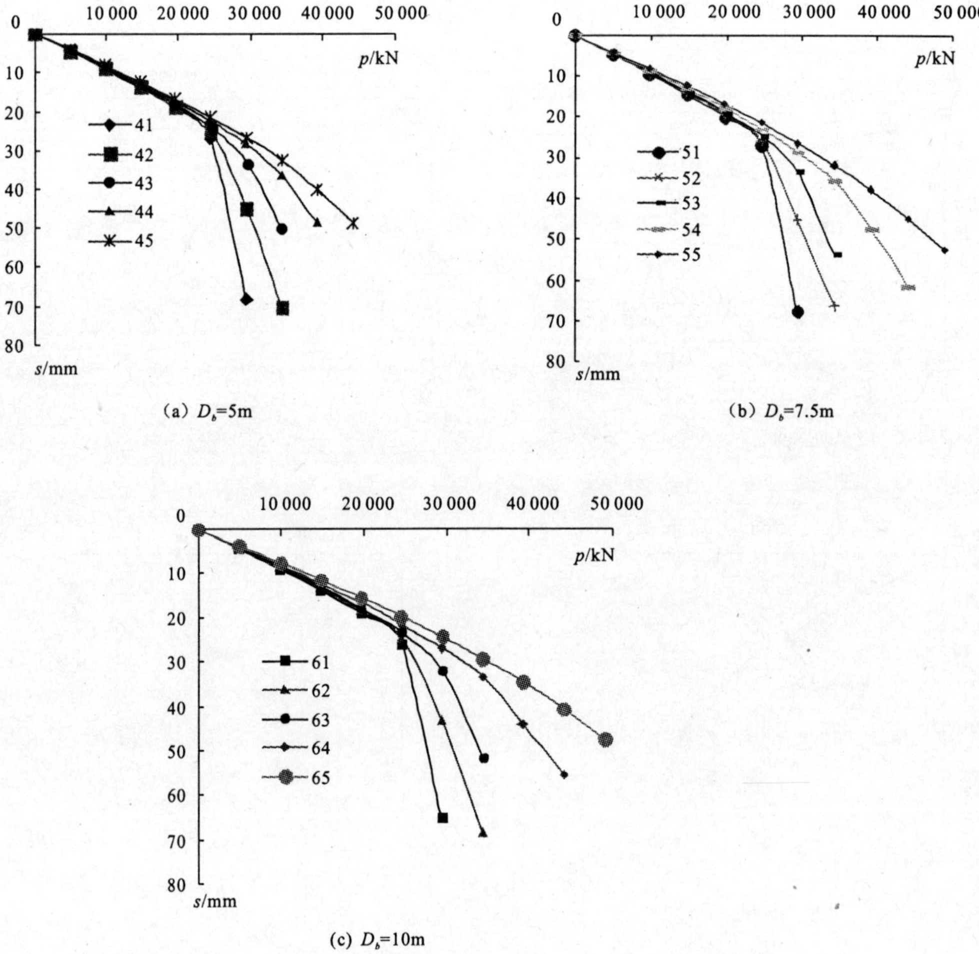

(a) D_b=5m

(b) D_b=7.5m

(c) D_b=10m

图 5－12　桩端加固体强度不同时的计算结果

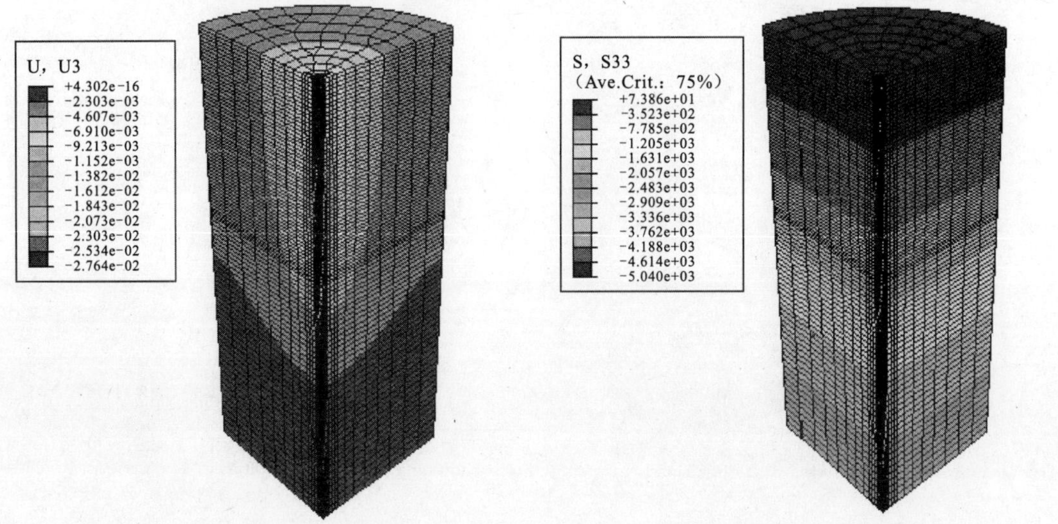

竖向位移分布　　　应力分布

(a) D_b=5m, E=60MPa

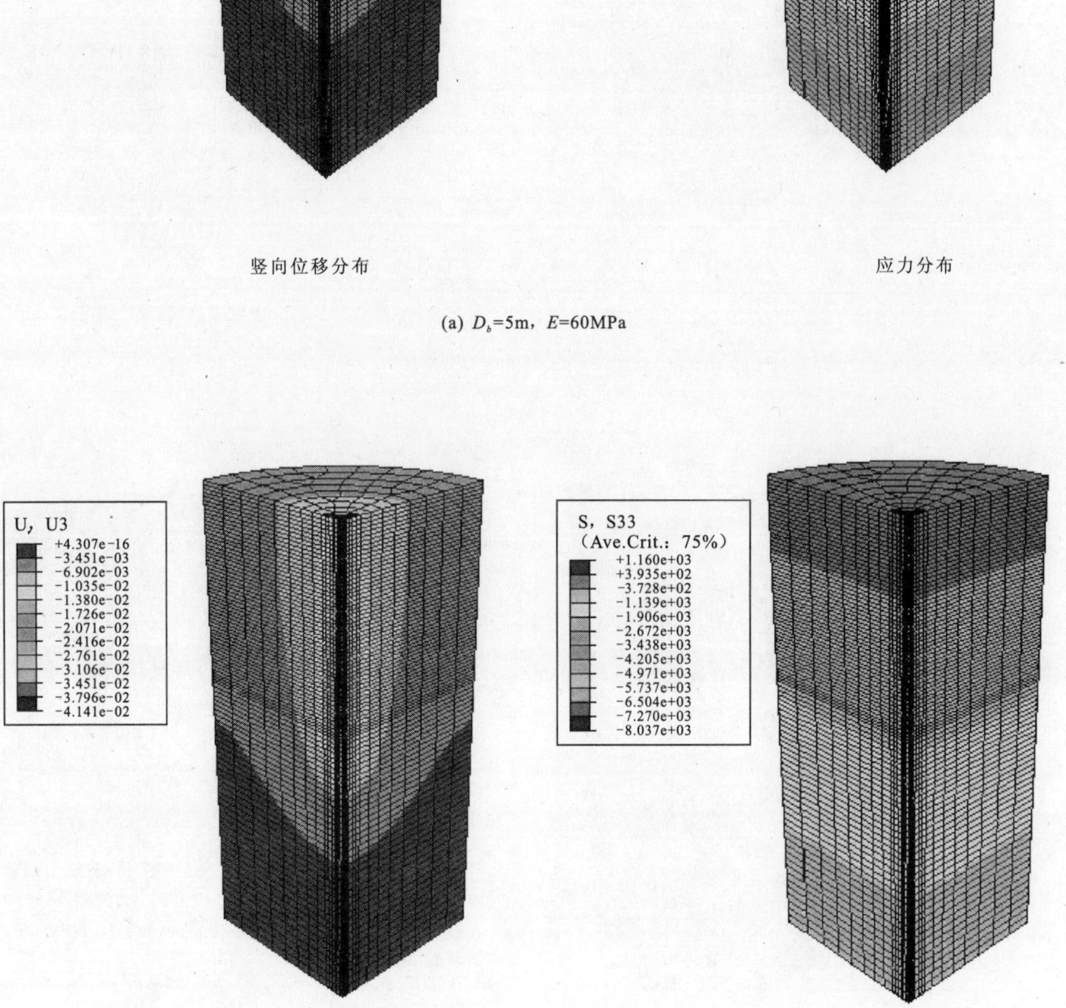

竖向位移分布　　　应力分布

(b) D_b=5m, E=2 000MPa

图 5-13　部分计算模型竖向位移及应力分布

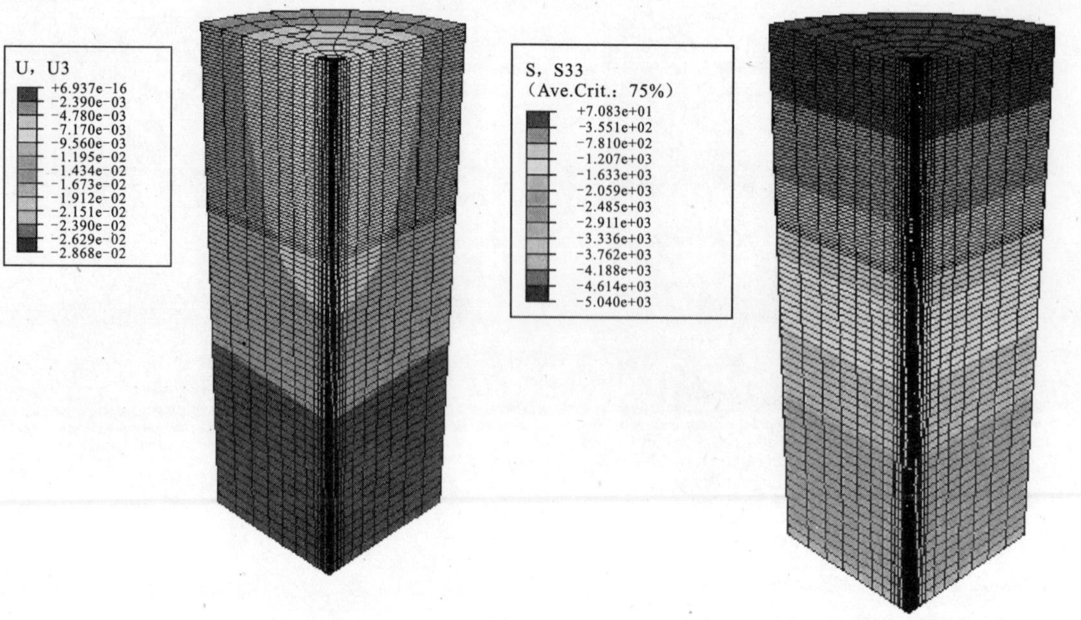

竖向位移分布　　　　应力分布

(c) D_b=7.5m，E=60MPa

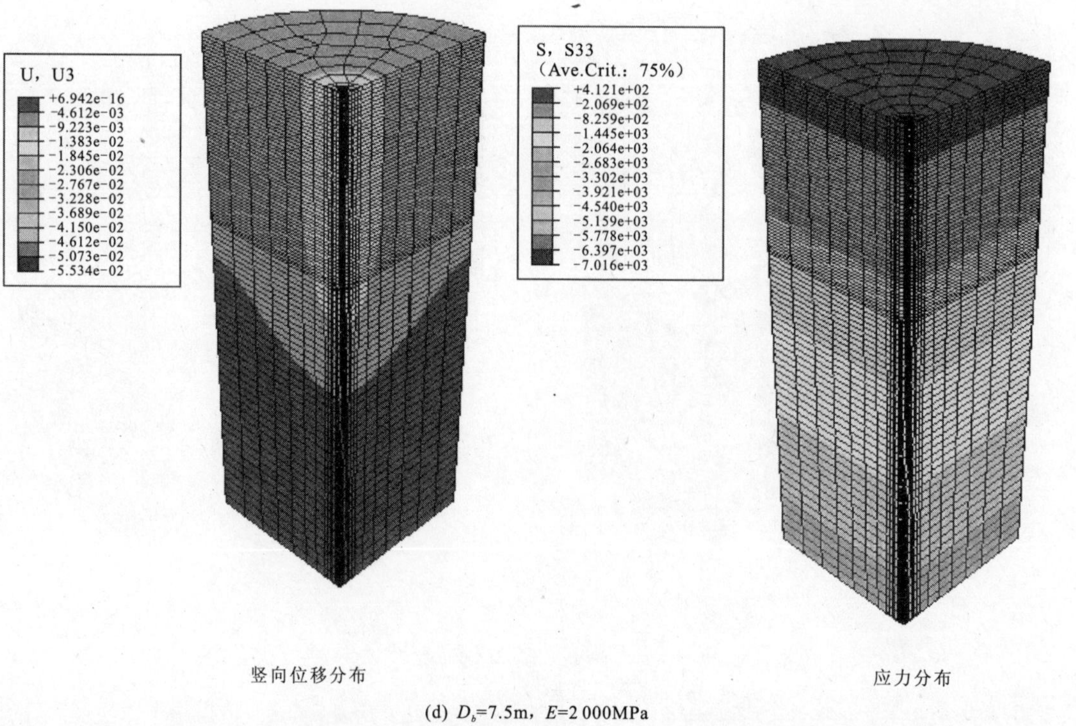

竖向位移分布　　　　应力分布

(d) D_b=7.5m，E=2 000MPa

图 5－13　部分计算模型竖向位移及应力分布

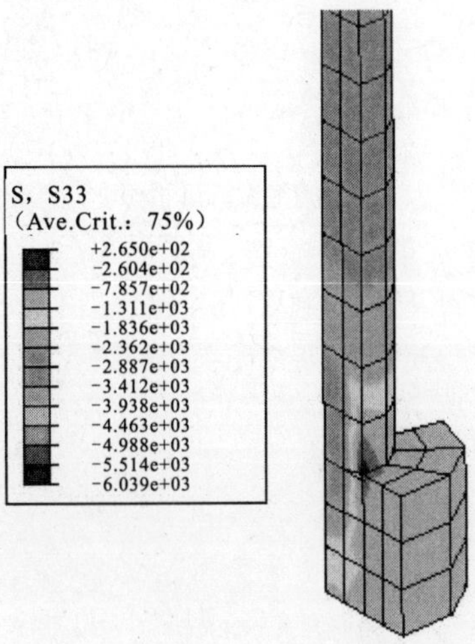

(a) D_b=5m，E=200MPa

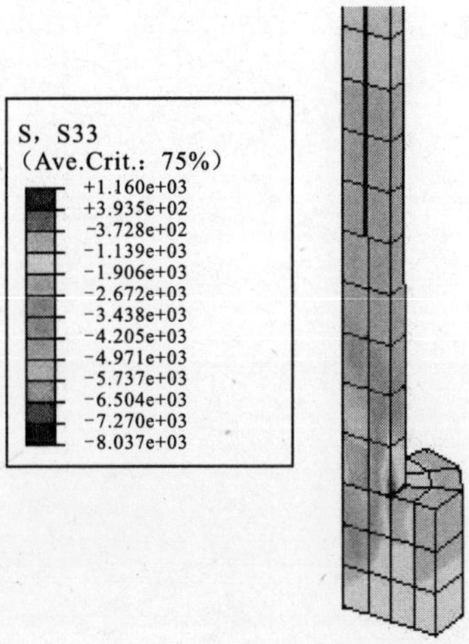

(b) D_b=5m，E=2 000MPa

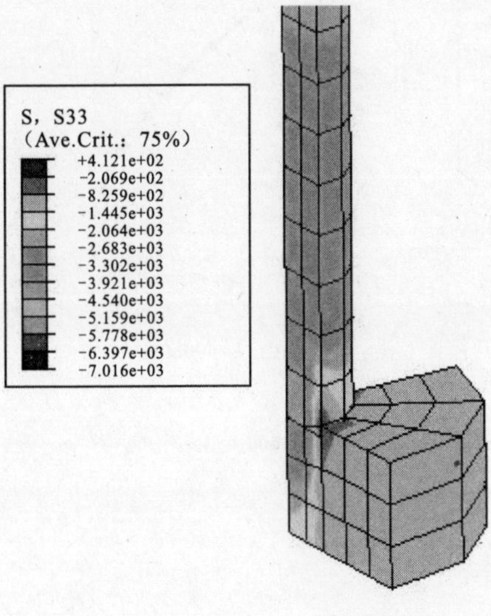

(c) D_b=7.5m，E=200MPa

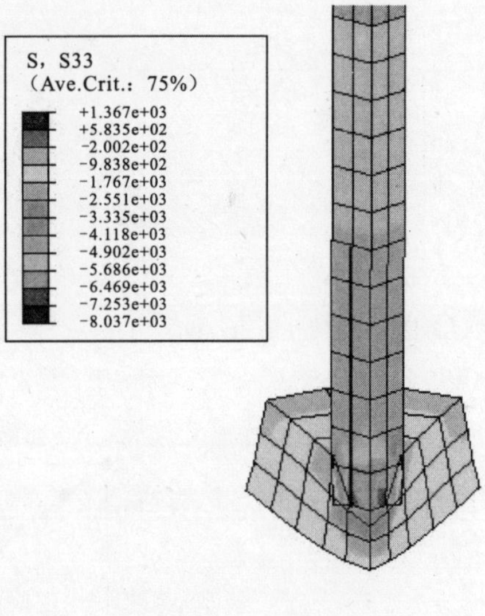

(d) D_b=7.5m，E=2 000MPa

图 5－14　部分计算模型桩端应力分布

2. 桩长 100m

当桩端加固体强度相同而直径不同时，计算结果见图 5－15。当桩端加固体直径相同而强度不同时，计算结果见图 5－16。计算模型的竖向位移分布、应变分布及桩端应力分布见图 5－17、图 5－18。

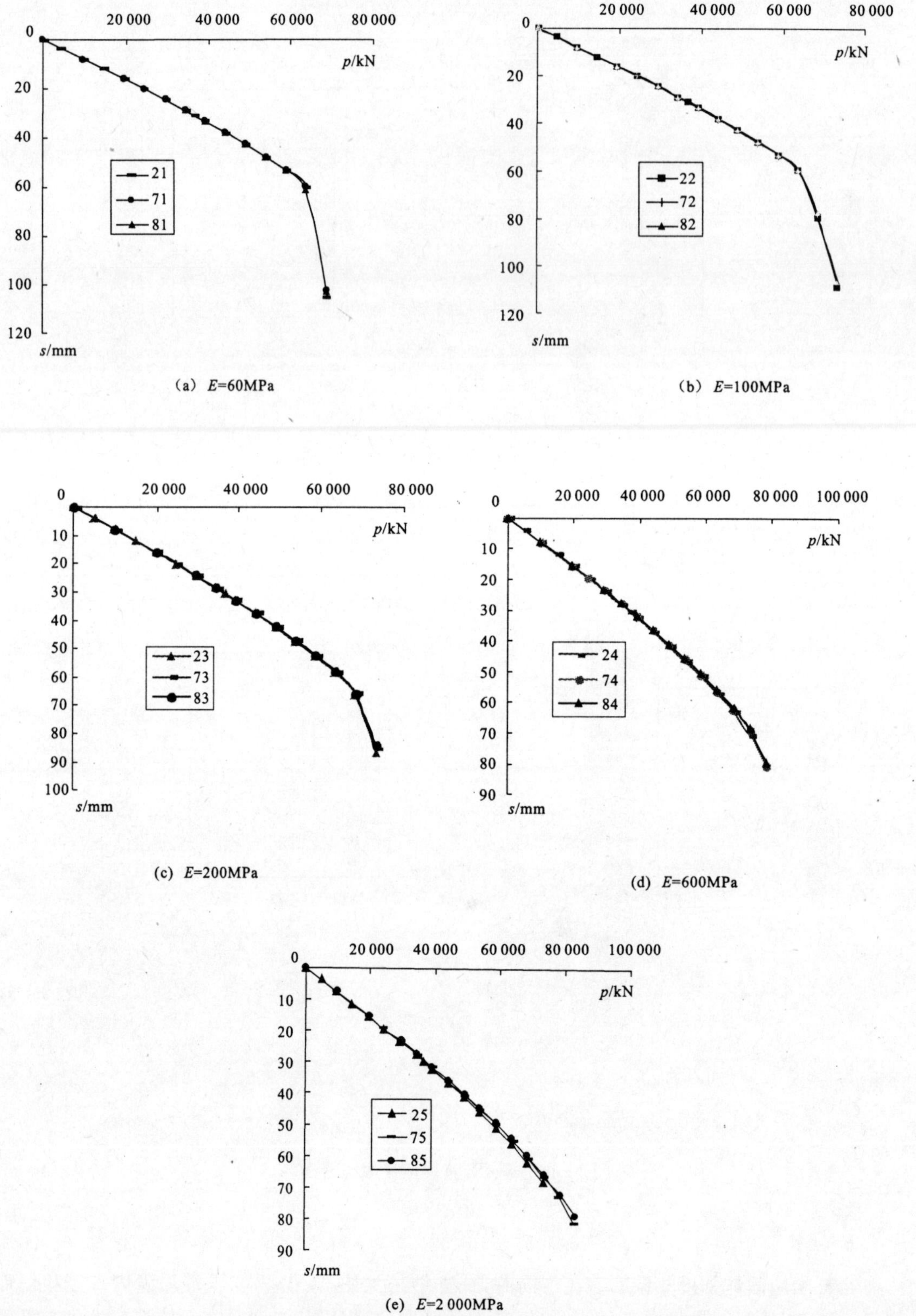

图 5－15 桩端加固体直径不同时的计算结果

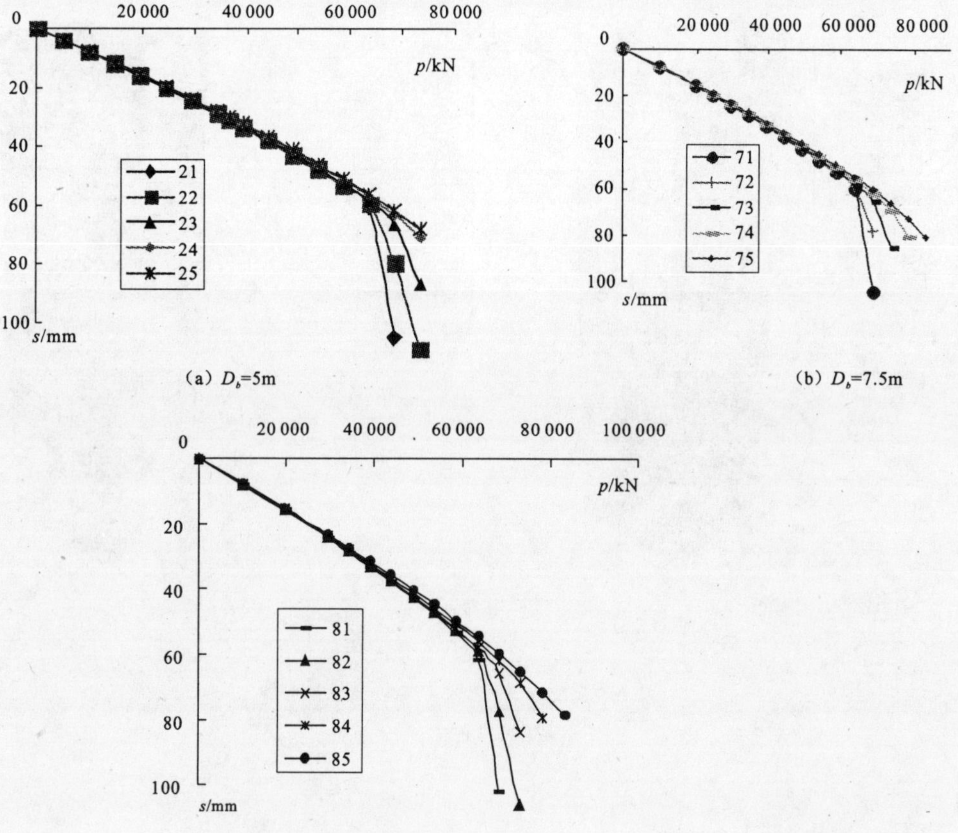

(a) D_b=5m　(b) D_b=7.5m　(c) D_b=10m

图 5-16　桩端加固体强度不同时的计算结果

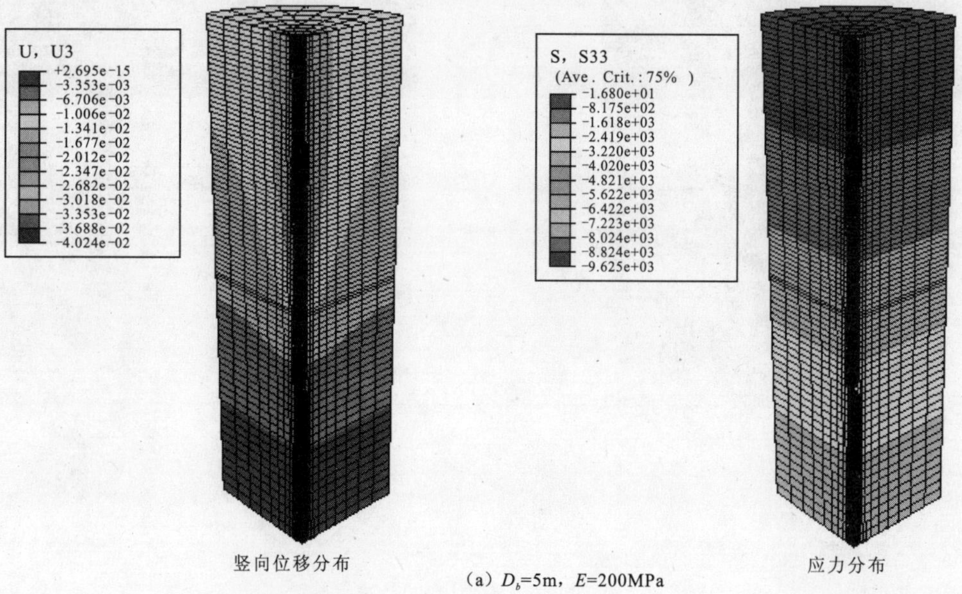

竖向位移分布　应力分布

(a) D_b=5m，E=200MPa

图 5-17　部分计算模型竖向位移及应力分布

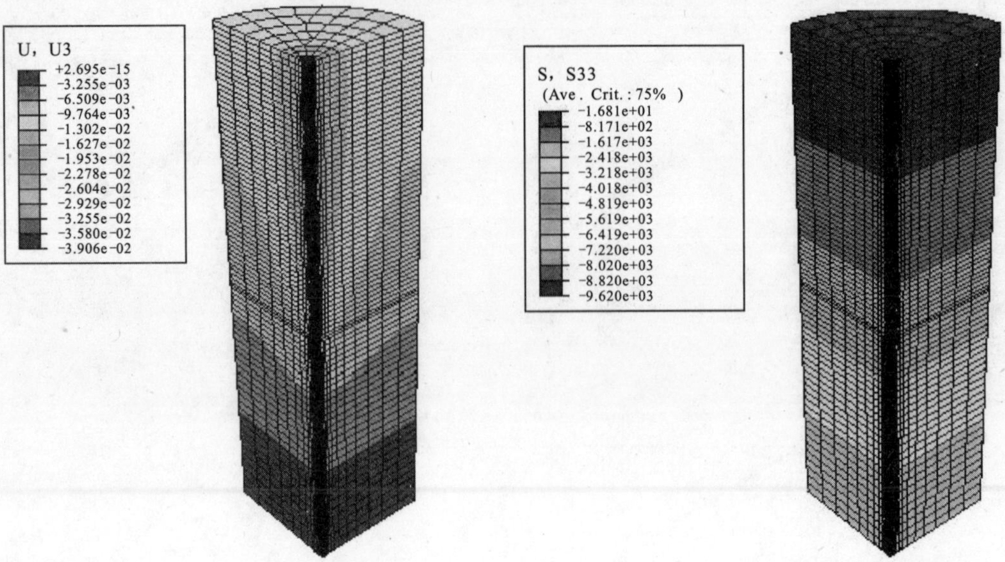

竖向位移分布　　应力分布

（b）D_b=5m，E=2 000MPa

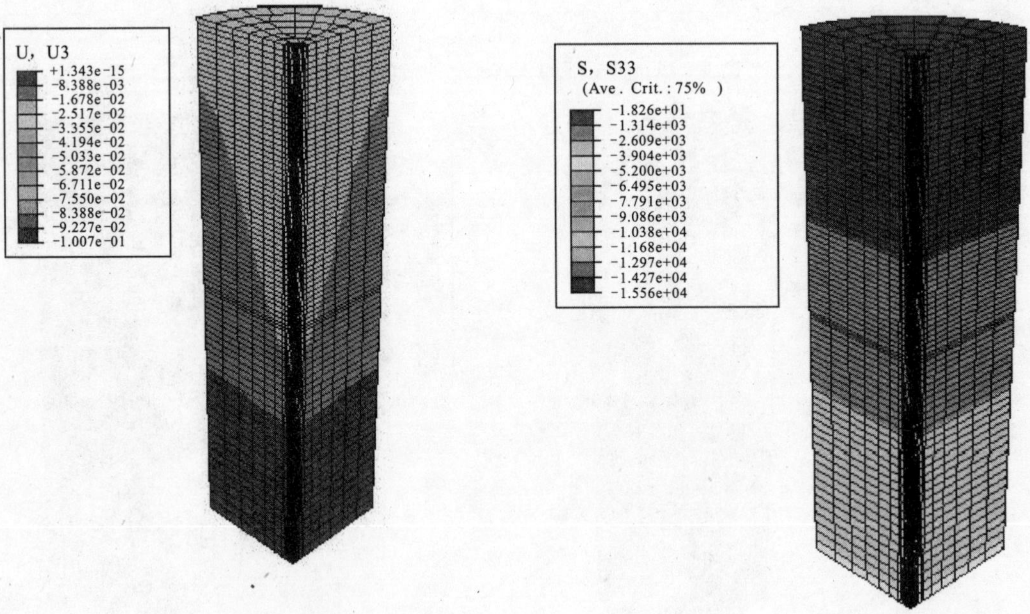

竖向位移分布　　应力分布

（c）D_b=7.5m，E=200MPa

图 5－17　部分计算模型竖向位移及应力分布

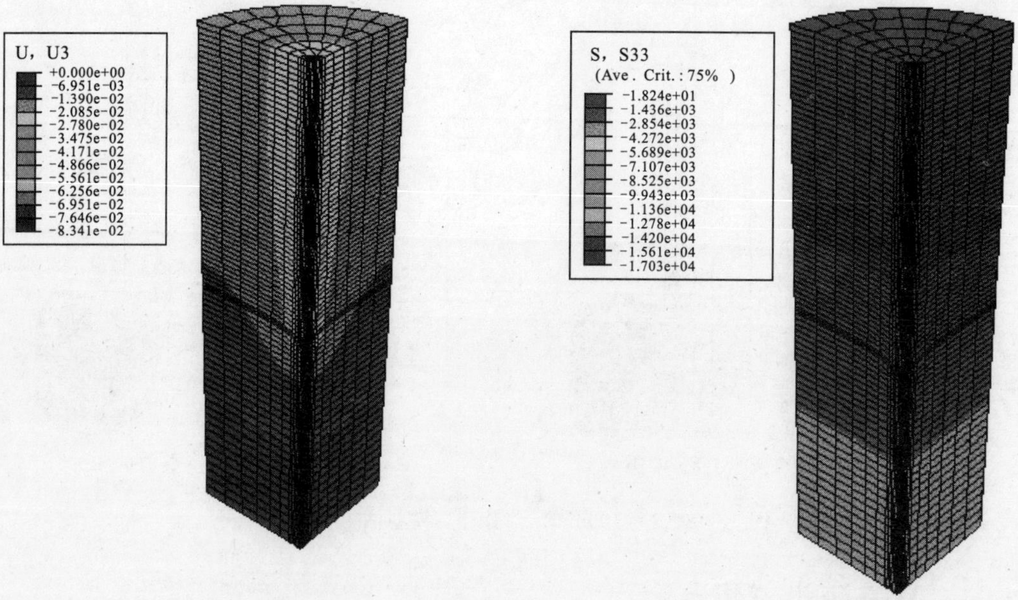

竖向位移分布　　应力分布

（d）D_b=7.5m，E=2 000MPa

图 5－17　部分计算模型竖向位移及应力分布

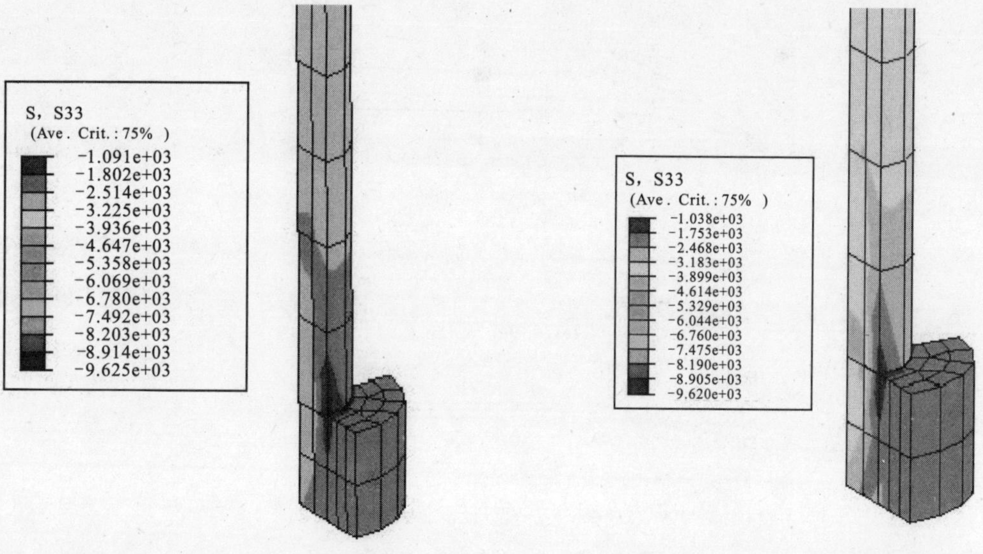

(a) D_b=5m，E=200MPa　　(b) D_b=5m，E=2 000MPa

图 5－18　L＝100m 时，部分计算模型桩端应力分布

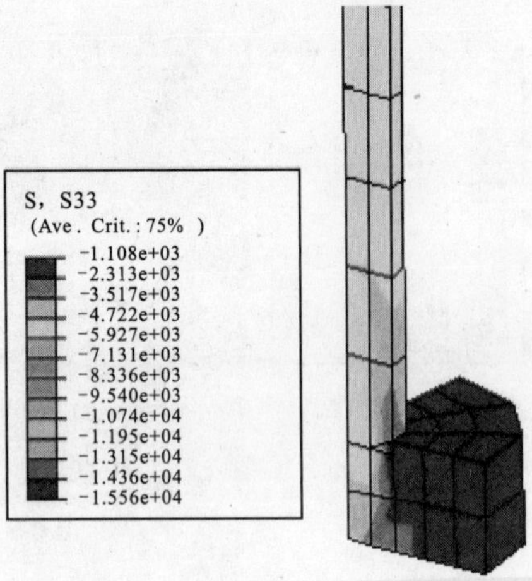

(c) D_b=7.5m，E=200MPa

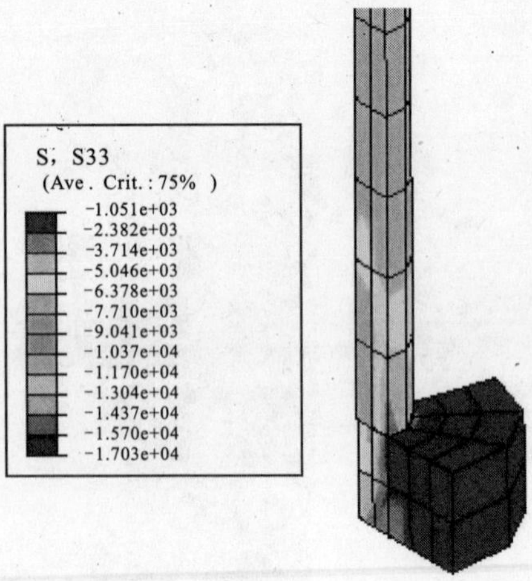

(d) D_b=5m，E=2 000MPa

图 5 - 18　$L=100\text{m}$ 时，部分计算模型桩端应力分布

5.3.3 计算结果分析

1. 加固体直径与承载力关系

图 5 - 19(a)为桩长 50m 时压浆后承载力比值与 D_b/D 的关系，图 5 - 19(b)为桩长 100m 时压浆后承载力比值与 D_b/D 的关系。

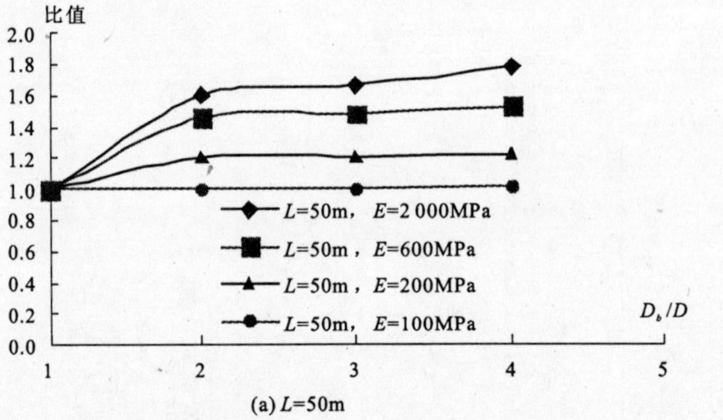

(a) L=50m

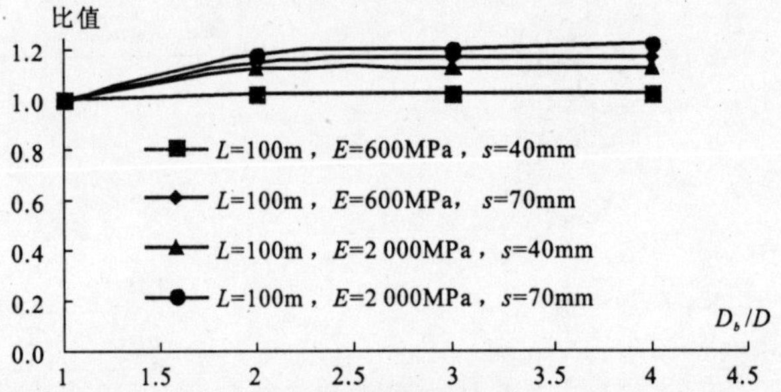

(b) L=100m

图 5 - 19　压浆后承载力比值与 D_b/D 的关系

当 $D_b/D \geqslant 2$ 时，承载力比值随 D_b/D 变化幅度明显减小，桩越长，表现越明显。对 50m 桩，当 $E \leqslant 600$MPa 时，基本不随 D_b/D 变化；对 100m 桩，无论变形模量大小，承载力比值基本不随 D_b/D 变化。

2. 变形模量与承载力的关系

图 5-20(a)为桩长 50m 时压浆后承载力比值与变形模量的关系，图 5-20(b)为桩长 100m 时压浆后承载力比值与变形模量的关系。对 50m 桩，压浆后承载力比值随变形模量的增大而增大；对 100m 桩，当 $E \leqslant 600$MPa 时，承载力比值随变形模量的增大而增大，当变形模量大于 600MPa 时，承载力比值基本不随变形模量而变化。若以 100m 桩在 $s=40$mm 时的承载力进行比较，当变形模量大于 200MPa 时，承载力比值就基本不随变形模量而变化。

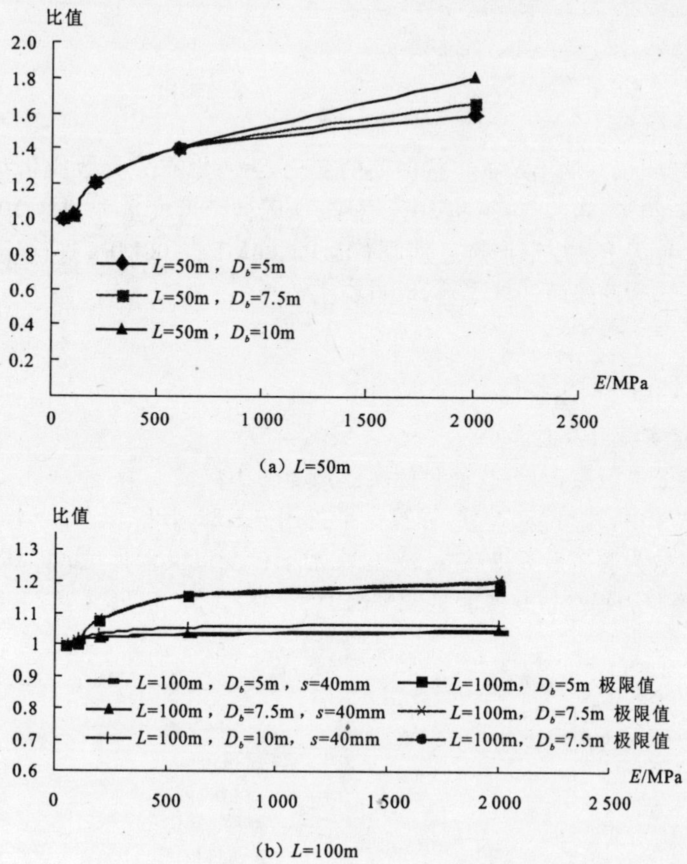

图 5-20　压浆后承载力比值与变形模量的关系

5.4　苏通二期试桩有关参数的反分析

以上计算结果未考虑桩端压浆对桩周土和桩土界面的影响，而由第二章的分析，无论桩端或桩侧压浆均会引起桩侧摩阻力的增大，故压浆后计算结果与实测结果相比偏小。根据检测结果，二期桩端加固体范围基本在径向 5m、轴向 2.5m 内，取 D_b=5m、高度为 2.5m 的圆柱体模拟 SZ4 压浆后的桩端加固体，计算结果与实测结果的对比见图 5-21。

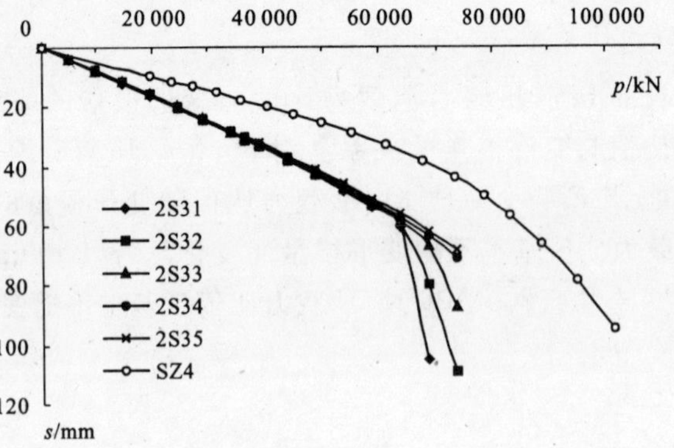

图 5-21 计算结果与实测结果的对比

压浆会引起桩端土、桩侧土及桩土接触面的变化，为考虑有关参数变化对承载力的影响，取摩阻力分别提高 20%、30%、40%和 50%，桩端加固体变形模量分别为 100MPa、200MPa、400MPa、600MPa，桩周土的变形模量分别取 60MPa、80MPa、100MPa 进行计算。

为比较最接近实测曲线的计算参数，取目标函数为

$$F = \sum [s_C(i) - s_T(i)]^2$$

式中：$s_C(i)$——某一种参数组合的 i 点沉降计算值；

$s_T(i)$——i 点实测沉降值。

对上述计算参数进行组合，寻找使目标函数最小的参数。

在所有计算方案中，$F_{\min}$=351.18，计算结果见图 5-22，计算值与实测值的对比见图 5-23。对应的计算参数为侧压系数提高 30%，桩端加固体变形模量 E=600MPa，桩周土的变形模量为 80MPa。摩阻力提高值与实测桩侧摩阻力平均提高值 33.98%基本接近。桩端阻力占总荷载比例为 26%。

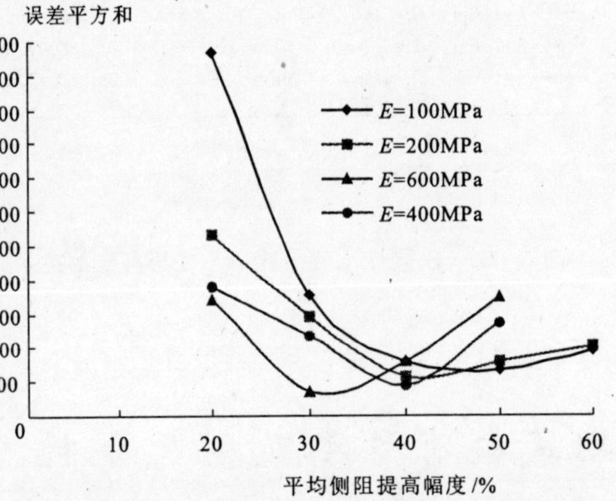

图 5-22 计算参数与目标函数值关系

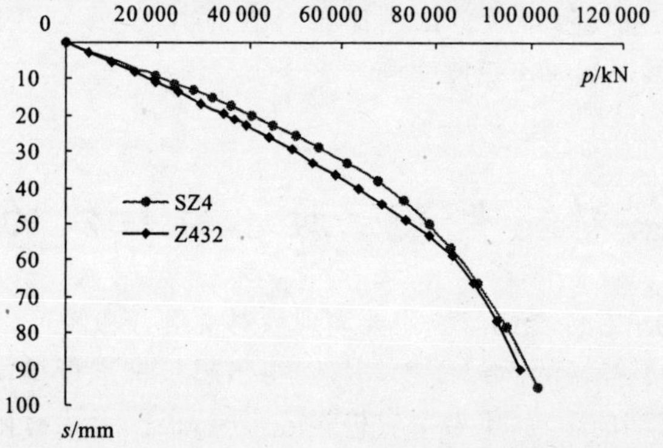

图 5-23　SZ4 有限元计算值与实测值的对比

SZ2 的反分析计算结果见图 5-24，摩阻力提高 30%，桩端加固体变形模量 E=200MPa，桩周土的变形模量为 80MPa。桩端阻力所占比例为 11%。

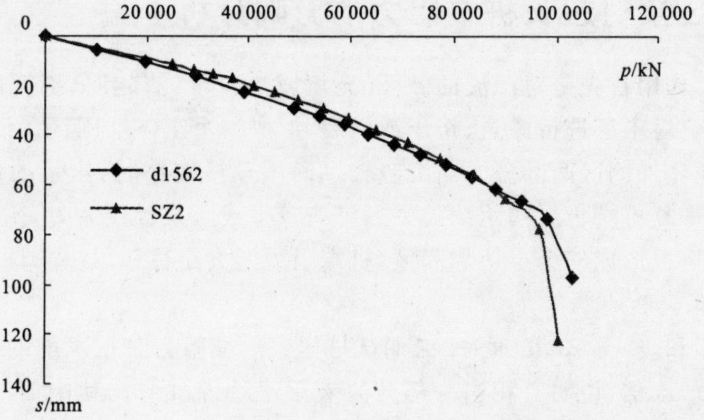

图 5-24　SZ2 有限元计算值与实测值的对比

SZ3 的反分析计算结果见图 5-25，摩阻力提高 40%，桩端加固体变形模量 E=600MPa，桩周土的变形模量为 100MPa。桩端阻力所占比例为 21%。

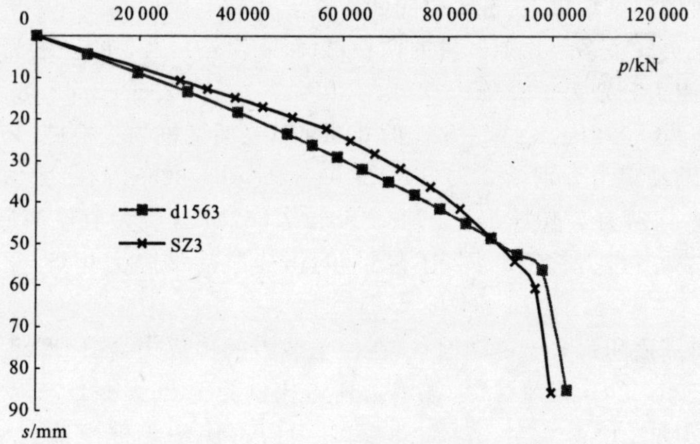

图 5-25　SZ3 有限元计算值与实测值的对比

SZ2、SZ3 和 SZ4 的桩端阻力所占比例比实测值偏小，主要与将土层作为均质土考虑有关，桩端以下土层的变形模量应比桩侧土高。

5.5 桩端压浆对超长灌注桩承载性能的影响分析

桩端压浆对超长桩承载性能的影响主要表现为对端阻力和侧阻力的影响。有关的研究认为，桩端压浆主要增加了桩端的承载面积，因此，得出超长桩进行桩端后压浆不适宜的结论。若单考虑桩端压浆对桩端的影响，不考虑对桩侧的影响，根据上述有限元分析结果，对超长桩进行压浆的效果确实很有限。但根据第二章的压浆机理分析，桩端压浆不仅可提高桩端阻力，还可以改善桩周土和桩土接触面的性质，使桩周摩阻力也得到提高，从而提高桩的承载力。这一点与实测结果及有限元的反分析结果是一致的。

5.5.1 桩端压浆对超长桩端阻力的影响分析

浆液在桩端的作用首先是对沉渣的破坏、充填或混合，沉渣越厚，消耗的浆液越多；然后，浆液在压力作用下，对土层进行渗透、挤压或劈裂，形成一个土体加固区。因此，桩端加固区包括沉渣加固区与土体加固区两部分。当沉渣较厚而压浆量较小时，压浆的作用主要是对沉渣的加固，即相当于恢复桩端土层的承载力。当沉渣较少或压浆量较大时，压浆的作用不只是消除沉渣的影响，还可以形成一个土体加固区，桩端阻力的大小往往取决于该层的强度和范围的大小。

根据表 4 - 11 和表 4 - 13，苏通一、二期试桩压浆后端阻力是压浆前的 2.46～7.21 倍，为计算值的 0.98～3.56 倍，说明有相当一部分浆液用于处理沉渣。其中 N3 桩压浆后，桩的测试仅为计算值的 0.98 倍，其主要原因为：①压浆量相对较少；②施工时间相对较长，桩端沉渣较多，桩侧泥皮厚，浆液上返所遇阻力小，故浆液全部用于对桩端沉渣进行加固，对桩端土层的加固效果较弱，还未形成土体加固区。而其他的试桩在压浆后不仅消除了沉渣的影响，还形成了土体加固区，从而可不同程度地提高桩端阻力。

根据苏通大桥的测试结果，在桩径相同和压浆量达到一定的情况下，桩端阻力相近，且与桩端砂土的类型无关联关系。二期试桩的两根桩(SZ2 除外)，SZ3 的桩端为粗砂，SZ4 的桩端为粉砂，压浆前端阻力分别为 4 624kPa 和 1 913kPa，SZ3 是 SZ4 的 2.42 倍，而压浆后，端阻力分别为 6 700kPa 和 6 803kPa，SZ3 是 SZ4 的 0.98 倍；三期试桩的三根桩，其桩端分别为粉砂、细砂和中砂，压浆前端阻力分别为 1 913kPa、3 026kPa 和 4 225kPa，最大值是最小值的 2.21 倍，压浆后，端阻力分别为 7 401kPa、6 743kPa 和 7 862kPa，最大值仅为最小值的 1.17 倍。二期试桩与三期试桩相比：桩径相同，压浆量相近，压浆后端阻力相近，平均值的差别仅为 8%。

由于超长桩桩周面积远大于桩端面积，在桩承载力的构成中，桩侧摩阻力占主导地位，桩端阻力所占比例较小。在压浆前，试桩端阻力所占比例为 6.96%～14.23%，而压浆后，试桩端阻力所占比例为 22.14%～34.67%。桩端阻力所占比例随桩顶荷载的增加而增大，图 5 - 26为二期试桩的桩顶荷载-端阻比例关系曲线。经过压浆，桩端阻力和桩侧阻力同时增长，但总侧阻提高幅度为 12.39%～52.87%，端阻提高幅度为 1.46～6.21 倍，桩端阻力增长幅度

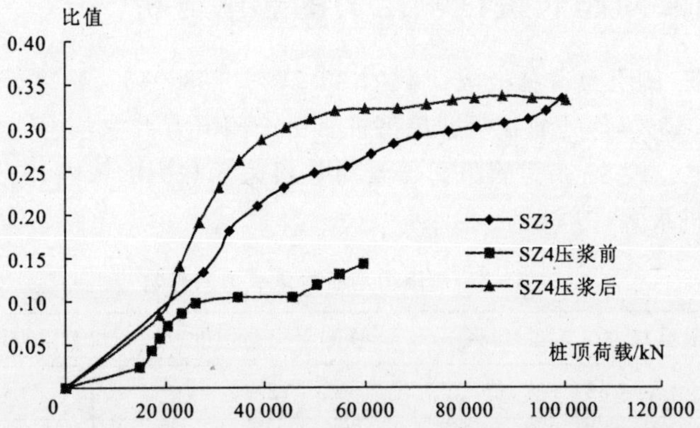

图 5-26 二期试桩桩顶荷载-端阻比例关系曲线

远高于桩侧阻力，使端阻力所占比例有所提高。

对黄河二桥试桩，桩端阻力的发挥表现出不同的特性。

由图 5-27 可看出以下特点：①压浆前，桩端阻力所占比例先随桩顶荷载的增大而增大，达到一定比例后，随桩顶荷载的增大而缓慢减小。②压浆后，桩端阻力所占比例一直随桩顶荷载的增大而增大，但最终趋于平缓。③大部分情况下，压浆前的比例高于压浆后的比例。Z3 桩压浆前的端阻比例一直高于压浆后的比例；Z2 桩压浆前的端阻比例只是到后期才小于压浆后的比例。

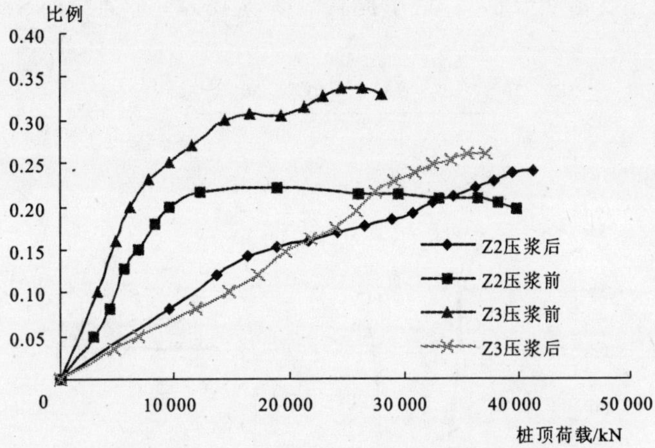

图 5-27 黄河二桥试桩桩顶荷载-端阻比例关系曲线

出现上述特点的原因主要为：①桩端硬塑状亚黏土受扰动及水浸泡后结构性减弱，发挥端阻所需位移减小；桩的长径比较小，为 $L/D=28.2$，桩身压缩量小，端阻力极限值的发挥早于侧阻力，使桩端阻力所占比例先增大后减小。②压浆提高了桩端土层的强度，且发挥强度所需位移增大，但桩端土层的加固效果不如桩侧土层的加固效果。从而出现压浆后端阻力所占比例减小的现象。

5.5.2 桩端压浆对超长桩桩侧阻力的影响分析

苏通大桥压浆前，侧阻力占总极限荷载的85.77%～93.04%，压浆后侧阻力比例有所下降，为77.86%～65.33%，但还属端承摩擦型桩。由于侧阻力占主导地位，侧阻力的变化对桩承载力的影响更明显。表5-3为侧阻力增量对桩极限承载力的影响，S1桩侧阻力增量比例最小，占56%；SZ4桩最大，占88%。

表5-3 侧阻力增量对承载力的影响

桩 号	极限承载力提高幅度/%	总侧阻提高幅度/%	侧阻力增量占总增量比率/%
S1	56	12.39	56
S2	75	38.9	71
S3	100	52.87	76
N3	68	41.25	81
SZ4	69	33.98	88
NII-1(NII-2)	48	29.56	60
NII-4(NII-3)	61	36.76	69

压浆后，桩周土的强度、变形模量及桩土间的接触条件均发生了较大变化，导致侧阻力的提高。图5-28为苏通大桥一期S2桩压浆前后桩周土标贯值变化图，在做标贯试验的12m范围内，标贯值最大提高幅度为67%，最小提高幅度为18%。苏通二期SZ2、SZ3桩的CT扫

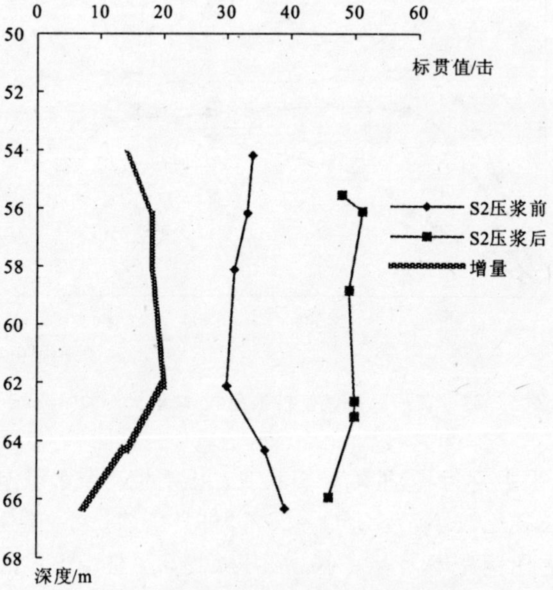

图5-28 S2桩压浆前后桩周土标贯值变化图

描结果也显示桩周土在一定范围内得到加固。根据有限元反分析计算结果，二期试桩桩周土在整个桩长范围内变形模量提高幅度为33%～67%，平均侧阻力提高30%～40%。

黄河二桥试桩压浆后侧阻占最大桩顶荷载比例为74%～86%。Z2、Z3桩的侧阻力增量占总增量比例分别为93%和90%。六根试桩的荷载增量皆主要来自侧阻力的提高，而与采用的压浆工艺无关，说明浆液主要顺着桩身向上流动，在流动过程中对桩周土产生第二章介绍的各种作用。

第六章　后压浆技术在实际工程中的应用

6.1　后压浆技术在超长大直径桩中的应用

6.1.1　工程概况

苏通大桥主桥采用 1 088m 的双塔斜拉桥，专用通航孔采用 140m＋268m＋140m 连续钢构，引桥分别采用跨径 75m、50m、30m 的等高度预应力混凝土连续梁。基础采用钻孔灌注桩。其中主桥和近塔辅助墩基础采用 ϕ2.5m 群桩基础，斜拉桥远塔辅助墩和过渡墩采用 ϕ2.5m 灌注桩，专用通航道桥主墩采用 ϕ3.0m 灌注桩，专用航道桥过渡墩和 75m 跨箱梁采用 ϕ1.8m 灌注桩，50m 跨箱梁采用 ϕ1.5m 灌注桩，30m 跨箱梁和桥台采用 ϕ1.2m 灌注桩，桩长 57.5～118m，灌注桩总数约 2 580 根。

依据桥位区揭露地层的地质时代、成因类型、岩性、埋藏条件及其物理力学特征等，桥位区共分为 22 个工程地质层，各层主要特征如下。

全新统（Q_4）分为 4 层（1～4 层）：1 层为北侧上部的粉砂或亚黏土夹粉砂，又细分成 3 个亚层；2 层为南侧上部的亚黏土“硬壳层”；3 层为南侧上部的淤泥质亚黏土或粉砂夹层，又分为 2 个亚层；4 层为底部的亚黏土或亚黏土与粉砂互层。

上更新统（Q_3）分为 4 层（5～8 层）：5 层粉砂为主，局部亚黏土，又分为 2 个亚层；6 层粗砂含砾，局部细砂，又分为 2 个亚层；7 层细砂、粉砂；8 层粗砂夹细砂含砾、细砂，夹透镜体状亚黏土，又分为 2 个亚层。

中更新统（Q_2）分为 7 层（9～15 层），岩性为粉、细砂层、黏性土。

下更新统（Q_1）、上第三系（N）顶板埋深在 200m 以上，粗略分为 7 个工程地质层（16～22 层）。16～22 工程地质层为下更新统及上第三系沉积物，下更新统以砂层为主夹黏性土；上第三系为半胶结状黏土、砂土为主，底部揭露玄武岩。

在前期经过压浆试验取得可靠数据的基础上，主桥部分采用 U 形管桩端后压浆技术。桩端在上更新统 8 层粗砂夹细砂含砾中。

6.1.2　压浆施工技术

1. 压浆前准备工作

(1)压浆管路应编号并挂标牌明示，压浆管路按编号顺序与浆液分配器对应连接牢固。

(2)在桩混凝土浇筑完成后 24～48h，由压浆泵用清水将桩端注浆管单向阀冲开，确保压浆管路系统畅通。对于U形管，必须每天打开U形管系统一次，开泵注水循环10～15min，以促使水化热消散和防止压浆管堵塞。

(3)压水试验和压浆前，进行压浆管路系统及接头耐压试验。试压操作时，要分级缓慢升压，试压压力宜达到注浆控制压力的1.5倍，停泵稳压后方可进行检查。并认真检查高压设备，确保设备正常运转。

(4)水泥、外加剂等材料准备充分，压浆前运抵现场，每盘外加剂计量好，装进塑料袋，保证其掺量的准确性。

2. 浆液的配制

(1)压浆水泥及水泥浆性能要求。采用Po42.5MPa普通硅酸盐无结块的双检水泥。初凝时间3～4h，稠度17～18s；7d强度≥10MPa。

(2)浆液配比。外加剂包括U形微膨胀剂(≤5%)和膨润土(≤5%)等，表6-1为浆液配比表。

表6-1　浆液配比表

材料	水泥/kg	膨润土/kg	微膨胀剂/kg	减水剂/kg	水/kg
设计配合比	1 127	59	11.98	6.71	535
实际每盘用量	300	15.7	3.19	1.79	142.4

(3)浆液配制程序：先放水，再加外加剂，搅拌均匀后加水泥。

(4)严格控制浆液配比，搅拌时间不少于2min，浆液应具有良好的流动性，不离析，不沉淀，浆液进入储浆桶时必须用16目纱网进行两次过滤，防止杂物堵塞压浆孔及管路。

(5)试桩浆液最终配方必须通过现场试配确定，确认达到性能指标后，再付诸使用。

3. 机械设备

苏通大桥后压浆施工所用设备见表6-2。图6-1为施工现场。

表6-2　苏通大桥后压浆施工所用设备

序号	名称	规格	数量	用途	备注
1	压浆泵	BW-150	2台	开塞、压水	7MPa
2		HBW-150/10	2台	压水、压浆	10MPa
3	水泥浆搅拌机	双层	2台	水泥浆搅拌	
4		单层	1台		
5	贮浆桶	自制	3个	水泥浆贮存	$1m^3$
7	配电柜	BD-30	3个	漏电保护	
8	量具		1套	配制水泥浆	
9	仪器		1套	检测水泥浆	

4. 后压浆施工控制

(1)管路布置。采用4回路U形管,桩端部分为直管,结构详见图6-2。

图6-1 施工现场图

图6-2 4回路U形管图

(2)浆量与压浆量分配。总压浆量设计值为8.5t,考虑损耗,实际按10.5t控制。压浆分三次循环,每一循环的压浆管采用均匀间隔跳压。

压浆量分配:①第一循环40%,②第二循环40%,③第三循环20%。

(3)压浆时间及压力控制。压浆工作压力为3MPa,压浆控制压力为8MPa。

第一循环:每根压浆管压完后,用清水冲洗管路,间隔时间不少于2.5h,不超过3h进行第二循环;第二循环:每根压浆管压完后,用清水冲洗管路,间隔不少于3.5h,不超过6h进行第三循环。

第一循环与第二循环主要考虑压浆量。第三循环以压力控制为主。若注浆压力达到控制压力,并持荷5min,注浆量达到80%,也满足要求。

6.1.3 苏通大桥桩端压浆效果检测及评价

1. 注浆前的检测工作

(1)测试孔要求。2004年元月由指挥部工程处组织的讨论,确定了检测方案和数量,形成文件和图纸下发施工单位,施工单位按要求,在需CT检测的桩中预埋了$\phi=110$mm的测试钢管,保证垂直度小于2/1 000,待注浆后一段时间,由钻机打开预埋管的下封口,向下钻6m并取芯,然后下PVC套管,保证套管下到指定位置并保持套管内畅通,确保仪器在套管中上下自如。

(2)检测要求。①首先进行钻孔中的电磁波单孔测试;②利用取芯孔作为发射孔和接收孔,进行超声波CT探测。

(3)原状土检测。为了更准确反映注浆效果,在未注浆前对需CT检测桩进行原状土CT检测,以供其后对比使用。

(4)检测结束后要求。必须将测试孔孔口封好,以免掉入异物,影响下次对比测试使用。

2. 注浆后的检测工作

(1)电磁波跨孔数据采集。

(2)电磁波单孔数据采集。

(3)超声波跨孔数据采集。

(4)单孔超声波数据采集(个别疑问孔)。

(5)超声波跨孔同步数据采集(个别疑问孔)。

(6)电磁波 CT 层析成像。

(7)超声波 CT 层析成像。

(8)检测剖面综合解释结果。

3. 6 号平台工程桩压浆效果检测结果

所检测桩为 6 号平台上游方向附近的 16 号桩及其周围的 8 号、15 号、24 号和 17 号桩，为了解 16 号桩压浆情况，以 16 号桩为中心与其四邻的 4 根桩形成 4 个辐射状剖面。为了解其压浆扩散情况，把其四邻的 4 根桩连接成 4 个联络剖面，见图 6-3。

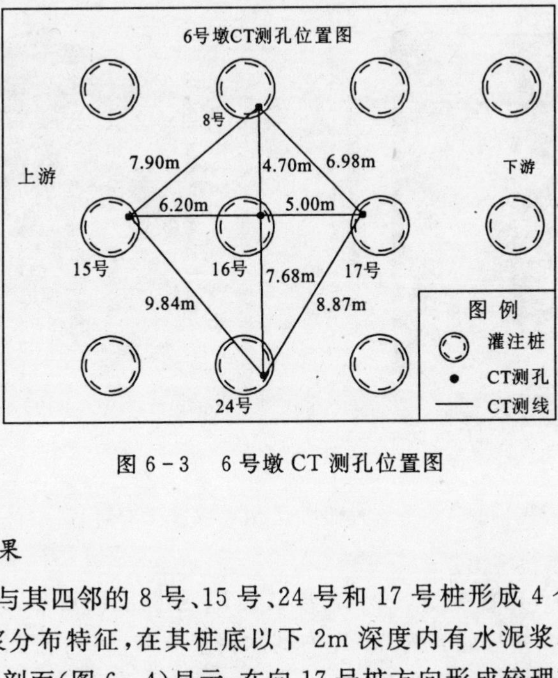

图 6-3　6 号墩 CT 测孔位置图

4. 16 号桩压浆效果

以 16 号桩为中心与其四邻的 8 号、15 号、24 号和 17 号桩形成 4 个辐射状剖面，16 号桩底下形成不规则水泥浆分布特征，在其桩底以下 2m 深度内有水泥浆不规则分布，顺流方向(15 号—16 号—17 号)剖面(图 6-4)显示，在向 17 号桩方向形成较理想的水泥扩大头；向 15 号桩方向水泥浆分布较少，桩下局部无水泥浆存在。垂直水流方向(24 号—16 号—8 号)剖面(图 6-5)显示，在向 24 号桩方向桩底下的 2m 深度形成较多水泥浆，在向 8 号桩方向局部水泥浆分布于桩底 3m 深度内，但 16 号桩向 8 号桩方向桩底外水泥浆分布较少，16 号桩水泥浆横向上分布于 2～3m 范围内。

24 号—16 号—8 号剖面(图 6-5)显示，16 号桩桩底存在粉红色虚影，可能是注浆在桩底沉积过多的反映。

图 6-6 为 15 号桩、16 号桩、24 号桩三角面柱状剖面，可见柱底以下，16 号桩向 15 号桩方

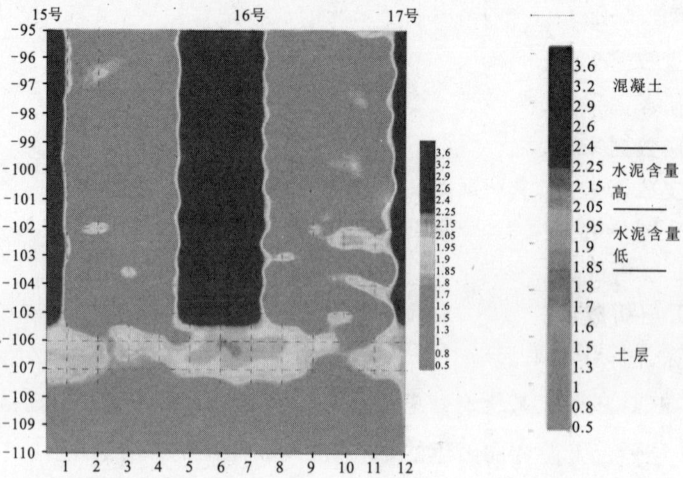

图 6-4　顺流方向(15 号—16 号—17 号)剖面

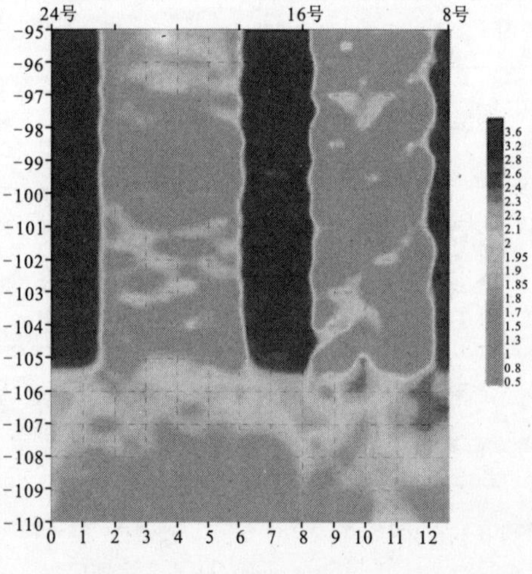

图 6-5　垂直水流方向(24 号—16 号—8 号)剖面

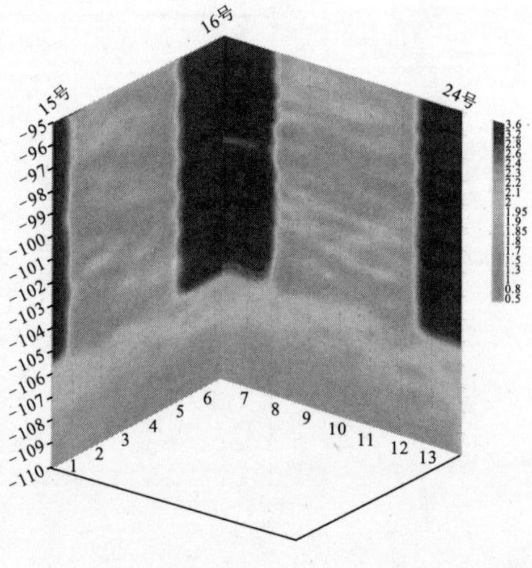

图 6-6　15 号桩、16 号桩、24 号桩三角面柱状剖面

向形成－105～－107.5m 的注浆层。从 16 号桩与 24 号桩剖面可见,24 号桩向 16 号桩方向桩底水泥浆分布较少,16 号桩底有约 2m 左右的水泥浆分布,16 号桩和 24 号桩间局部有水泥浆分布。图 6-7 为 24 号桩、16 号桩、17 号桩三角柱状剖面,可见 16 号桩底－105～－107.5m 形成较大扩大水泥浆头,16 号桩向 24 号桩方向在桩底－105～－107m 形成均匀水泥浆分布,16 号桩和 24 号桩间局部水泥浆分布。图 6-8 为 17 号桩、16 号桩、8 号桩三角柱状剖面,在 16 号桩向 17 号桩方向,16 号桩底－105～－107.5m 形成向外扩水泥浆头;在 16 号桩向 8 号桩方向,16 号桩底－105～－108m 形成不规则水泥浆扩大头,其桩间局部分布少量水泥注浆。图 6-9 为 8 号桩、16 号桩、15 号桩三角柱状剖面。

5. 外围 8 号桩、15 号桩、24 号桩和 17 号桩压浆效果

(1)8 号桩压浆效果。8 号桩桩底形成 3～4m 深度水泥浆分布,局部(粉红色)含水泥成分

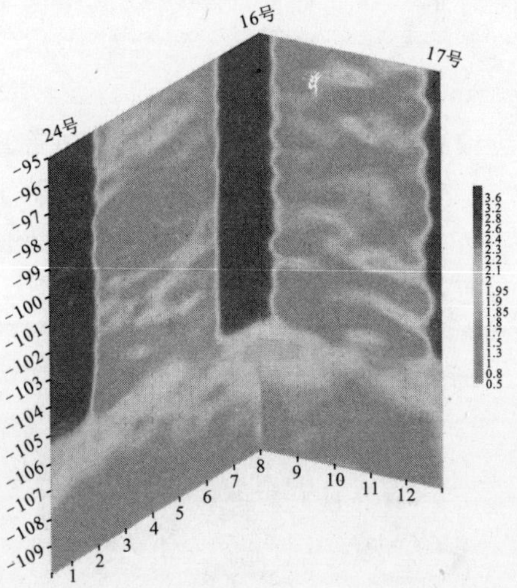

图 6-7　24 号桩、16 号桩、17 号桩三角柱状剖面

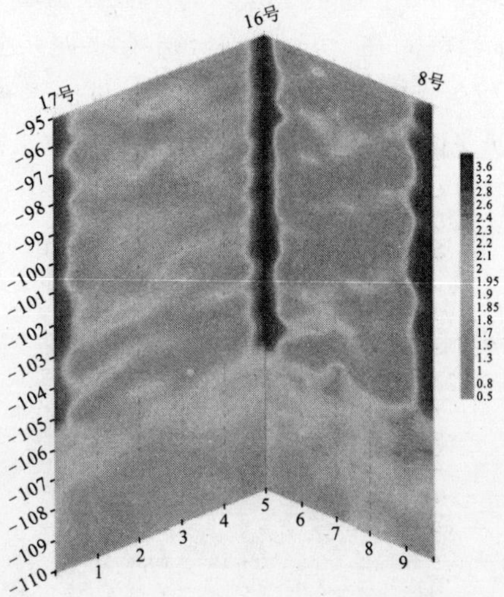

图 6-8　17 号桩、16 号桩、8 号桩三角柱状剖面

较多并硬化，桩底可见有约 0.2～0.3m 的虚影，可能是注浆在桩底沉积过多的反映，总体压浆效果明显。

图 6-10 中由 8 号桩向 15 号桩方向，桩底－105～－108m 有均匀水泥浆扩大头，由 8 号桩向 17 号桩方向，桩底－105～－109.5m 有不规则量较大的水泥浆扩大头。其桩间在－102m有水泥浆分布，其余深度水泥浆稀少。

(2)15 号桩压浆效果。图 6-11 中由 15 号桩向 8 号桩方向，桩底－105～－109m 有丰厚水泥浆扩大头，由 15 号桩向 24 号桩方向，桩底－105.5～－108m 有斜向下的水泥浆分布，而

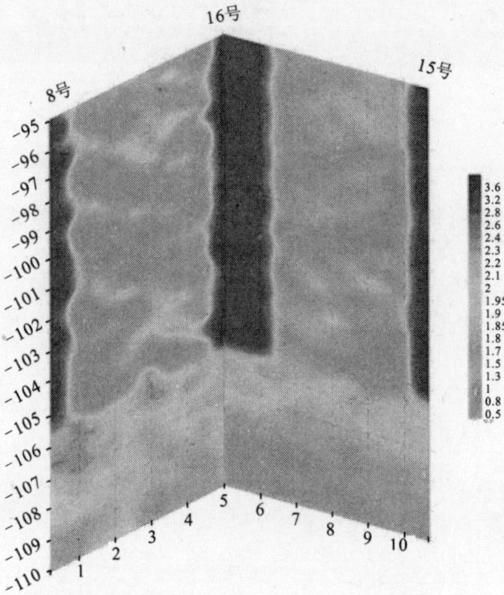

图 6-9　8 号桩、16 号桩、15 号桩三角柱状剖面

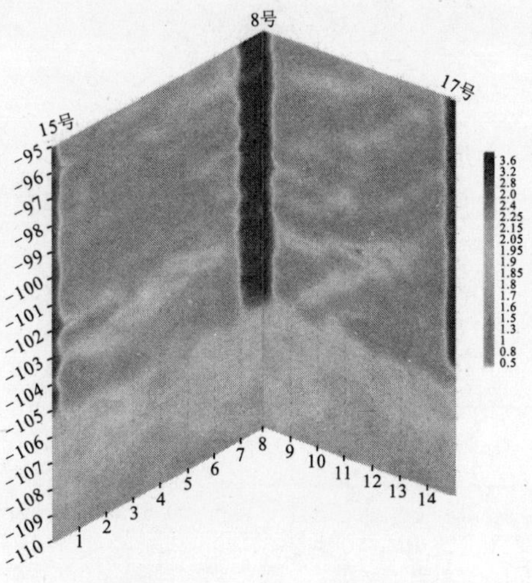

图 6-10　15 号桩、8 号桩、17 号桩三角柱状剖面

其桩底－105～－105.5m处无水泥浆分布，其与8号桩间在－101～－103m有水泥浆分布，其与24号桩间在－98～－105m有水泥浆分布，其与16号桩间水泥浆零星分布。

(3)24号桩压浆效果。24号桩桩底形成3～3.5m厚水泥浆分布，相对而言，24号桩是此批桩中水泥浆效果最丰满的一根桩，其向17号桩方向更具厚度的水泥浆分布，其桩底最完整。

图6－12中由24号桩向15号桩方向，桩底－105～－108m形成外扩水泥浆分布，由24号桩向17号桩方向，桩底－105～－109m形成均匀扩大头。其与15号桩间－99～－105m有水泥浆分布，量较多。其与17号桩间水泥浆零星分布，其与16号桩间在－101～－103m有水泥浆分布。

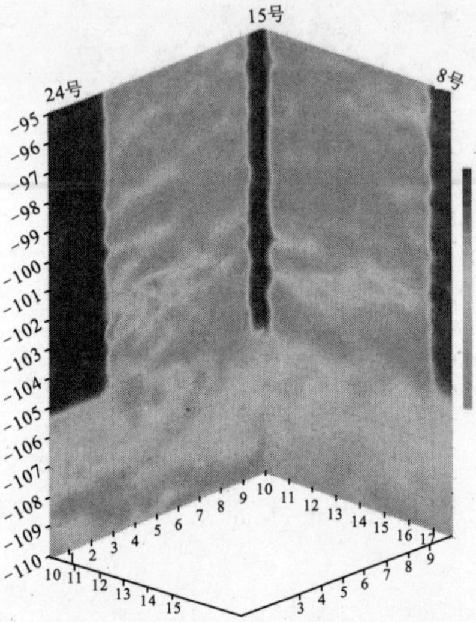

图6－11 24号桩、15号桩、8号桩三角柱状剖面

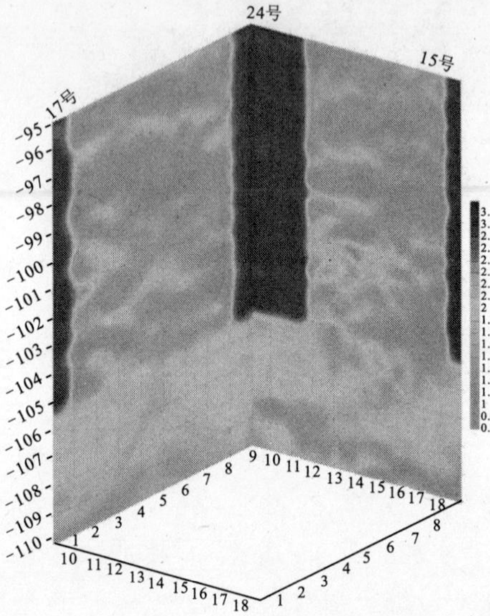

图6－12 17号桩、24号桩、15号桩三角柱状剖面

(4)17号桩压浆效果。17号桩桩底形成3m厚度水泥浆分布。图6－13中由17号桩向8

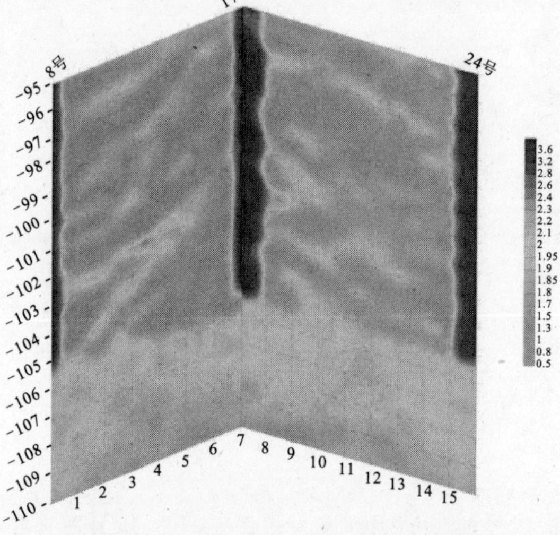

图6－13 8号桩、17号桩、24号桩三角柱状剖面

号桩方向，桩底－106～－108.5m 有外扩水泥浆分布；由 17 号桩向 24 号桩方向，桩底－105～－109m有较大水泥浆扩大头。图中可见 17 号桩向 8 号桩方向，桩底－105～－106m 处无水泥浆分布，判断是因此位置注浆管堵塞所致，其与 8 号桩间－103～－101.5m 有水泥浆分布，其与 24 号桩间－105～－96m 有水泥浆分布，其与 16 号桩间－105～－102m 有水泥浆分布。

6.2　后压浆技术在黏性土中的应用

6.2.1　工程概况

河南发展大厦由主楼、附楼和裙楼等组成。主楼 27 层，高 100m，框架剪力墙结构；附楼 15 层，高 64m，框架剪力墙结构；裙楼 1～3 层，框架结构。建筑物采用桩筏基础。

建筑场地土层情况如下：①杂填土：层厚 0.5～1.5m，平均厚度为 0.9m。②粉土：褐黄色，稍密，平均厚度为 1.8m。③粉土：褐黄色，饱和，稍密，平均厚度为 3.1m。④粉质黏土：灰色，软塑，平均厚度达 6.6m。⑤粉质黏土：灰色—深灰色，软塑，平均厚度为 5.1m。⑥粉砂：灰色，饱和，中密—密实，平均厚度为 1.7m。⑦中砂：灰色，饱和，密实，平均厚度为 10.0m。⑧粉土：灰黄色，湿，密实，平均厚度为 7.2m。⑨细砂：褐黄色，密实，平均厚度为 6.1m。⑩粉质黏土：褐黄色，硬塑，平均厚度为 7.9m。⑪粉质黏土：黄褐—褐红色，湿，硬塑，平均厚度为 7.8 m。⑫粉质黏土：棕红色，硬塑，平均厚度为 6.4 m。⑬粉土：褐黄色，湿，密实，平均厚度为 7.6 m。

工程桩持力层选在第⑩层粉质黏土层，桩长 40m，桩径为 800mm，进行桩端桩侧压浆，桩侧压浆部位选在第⑦层中砂层。桩侧压浆的表压一般为 0.8MPa，桩侧压浆量为 1t，桩端压浆的表压一般为 2MPa，压浆量为 2t。代表性的压力-时程曲线见图 6-14。

桩基施工完成后，对基坑进行了开挖，最深处为 14m。

6.2.2　计算分析

1. 上升高度计算

取最上层侧压管进行计算，将 $p_b=1\,000$kPa、$p_y=168$kPa、$\Delta p=460$kPa 按 $p_j=$表压 p_b+浆液静压力 p_y-压力损失 Δp，可求得侧压管出口压力 $p_j=718$kPa。将 $b=1.5$mm、$\rho=1.8$t/m^3、$\tau_0=8$kPa 及 p_j 代入(2-19)式，求得侧压浆的上升高度为 $z=24.3$m。

2. 起裂压力、临塑荷载及压力-时程规律分析

土的抗剪强度指标取桩侧土的加权平均值，$c=15$kPa，$\varphi=20°$，则桩侧土的起裂压力与临塑荷载计算值分别为 500kPa、340kPa。

由图 6-14，压力-时程曲线在开环后，呈稳步下降并趋于某一定值的规律。

按劈裂压力的判断方法，S1 上侧压管的劈裂压力(表压)为 2MPa，S3 下侧压管的劈裂压力(表压)为 1.6MPa，均大于开裂压力计算值，而 S2 上侧压管未产生劈裂。根据前述侧压机理的分析，浆液沿最薄弱面——泥皮层向上运动，在流动过程中对桩周土产生挤压，挤压产生的空间降低了浆液的流动阻力，且越往上劈裂泥皮接触面所需压力越小。因此，压力-时程曲

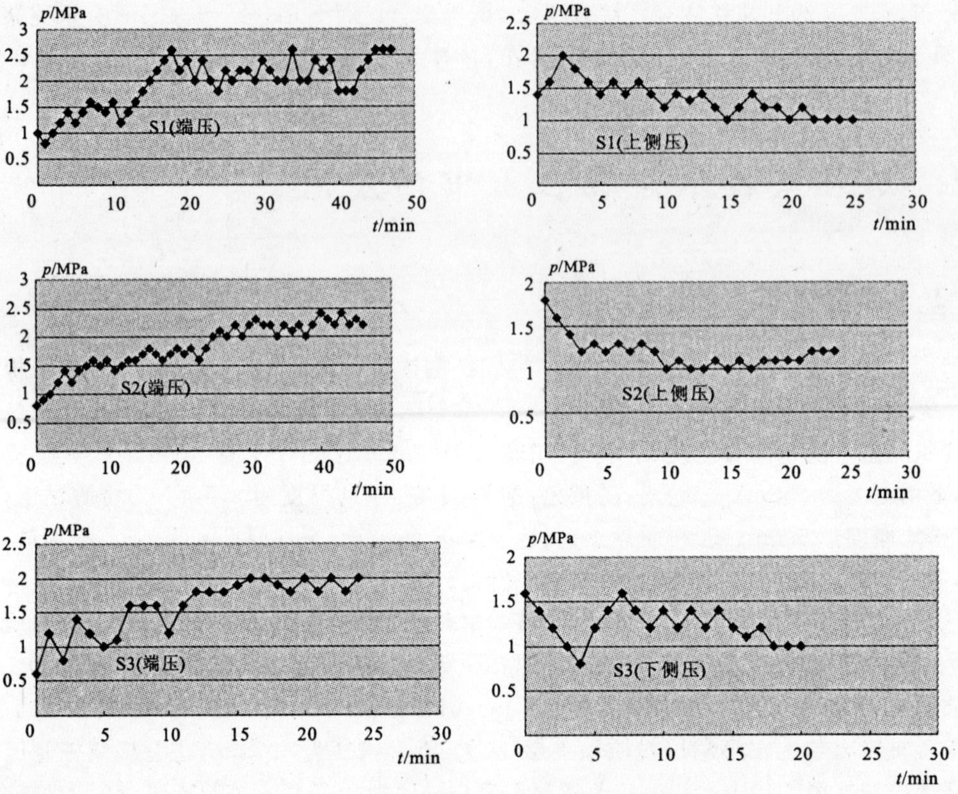

图 6-14 代表性的压力-时程曲线

线表现为稳步下降的趋势，降低到一定程度后达到一个动态平衡。

3. 桩侧土体的位移

压浆过程中可能既有挤密作用又有劈裂作用，这里只考虑挤密作用引起的位移。

将 $p=p_j=718\text{kPa}$、$p_{ep}=340\text{kPa}$、$E=8\text{MPa}$ 代入(2-39)式，计算得 24m 处桩侧土位移为 60mm。

将 $p=p_j=359\text{kPa}$、$E=5\text{MPa}$ 代入(2-39)式，计算得 12m 处桩侧土位移为 30.6mm。

将 $p=p_j=245\text{kPa}$、$E=5\text{MPa}$ 代入(2-39)式，计算得 9m 处桩侧土位移为 16.2mm。

根据实测数据，12m 处约为 50mm，9m 处约为 20～30mm，计算数据略偏小，但误差不大。

6.3 后压浆技术在软土中的应用

某工程场地范围内土层分为 9 层。

(1)填土①层：层厚 2.3～3.7m。

(2)粉质黏土②层：黄色，层厚 0.7～1.7m。

(3)淤泥质粉质黏土夹砂③层:灰色,层厚 5.0～6.1m。

(4)淤泥质黏土④层:灰色,层厚 4.8～7.0m。

(5)黏土⑤-1 层:灰色,层厚 3.0～4.0m。

(6)粉质黏土⑤-2 层:灰色,层厚 21.0～22.6m。

(7)粉质黏土⑥层:暗绿色,层厚 1.7～2.2m。

(8)砂质粉土⑦层:灰绿色,层厚 3.9～4.9m。

(9)粉质黏土⑧-1 层:灰色,层厚 16.9～18.2m。

(10)粉质黏土与粉砂互层⑧-2 层:灰色,层厚 10～13.6m。

(11)粉细砂⑨层:灰色。

采用钻孔灌注桩后压浆技术,并确定了 4 组试桩,桩径 ϕ850mm 和 ϕ600mm 各两组,桩长 44.3～45.4m,在 ϕ850mm 和 ϕ600mm 试桩中各抽一根预埋钢筋应力计,从 ϕ850mm 的试桩中抽一根进行压浆前后的静载荷试验。有关施工参数如下:①ϕ600mm 试桩均采用端压工艺,注浆管直径 ϕ25mm,注浆量 1.41～1.59m^3,水灰比 0.6,注浆压力 0.45MPa;②ϕ850mm 试桩采用端压和侧压工艺,侧压管分别置于离地面 24m 和 38m 的粉质黏土⑤-2 层中,总注浆量 3.53m^3,注浆压力 0.45MPa。

6.3.1 静载荷试验结果

静载荷试验结果见表 6-3。

表 6-3　静载荷试验结果

桩号	桩长/m	桩径/mm	极限承载力/kN	最大沉降量/mm	残余变形/mm	备注
ZH1	44.5	850	5 200	15.06	8.52	未压浆
			9 600	24.22	10.11	端压、侧压
ZH2	44.3			25.86	10.25	
ZH3	45.3	600	6 000	24.42	6.71	端压
ZH4	45.4			29.04	9.05	

1. 桩侧摩阻力分布及对比

由于在试桩不同深度埋设了电阻片式钢筋应力计,根据各级荷载作用下实测的钢筋应力可计算桩身轴力,再由桩身轴力求出桩侧摩阻力。桩侧摩阻力及对比见表 6-4、表 6-5。

表 6-4　ϕ850mm 桩侧摩阻力及对比

序号	桩段	土　层	摩阻力计算值/kPa	摩阻力实测值/kPa
1	Ⅰ—Ⅱ	①、②、③	19.5	62.3

续表 6-4

序号	桩段	土　　层	摩阻力计算值/kPa	摩阻力实测值/kPa
2	Ⅱ—Ⅲ	④、⑤-1	36.7	75
3	Ⅲ—Ⅳ	⑤-2	45	92.5
4	Ⅳ—Ⅴ			91.1
5	Ⅴ—Ⅵ	⑤-2、⑥	65	74

表 6-5　ϕ600mm 桩侧摩阻力及对比

序号	桩段	土　　层	摩阻力计算值/kPa	摩阻力实测值/kPa
1	Ⅰ—Ⅱ	①、③	20	47.1
2	Ⅱ—Ⅲ	③、④、⑤-1	38	70.5
3	Ⅲ—Ⅳ	⑤-2	45	71.6
4	Ⅳ—Ⅴ			64
5	Ⅴ—Ⅵ	⑤-2、⑥	46	63.2

2. 桩端阻力

在试验中测出的桩端阻力及桩端阻力占总荷载比例见表 6-6。

表 6-6　桩端阻力

桩径/mm	最大荷载/kN	桩端阻力/kN	桩端阻力占总荷载比例/%
850	9 600	197.3	2.1
600	6 000	210	3.5

6.3.2　计算分析

1. 上升高度计算

注浆管口压力 p_j 表达式为

$$p_j = \text{表压 } p_b + \text{浆液静压力 } p_y - \text{压力损失 } \Delta p$$

将 $p_b=450\text{kPa}$、$p_y=315\text{kPa}$、$\Delta p=150\text{kPa}$ 代入上式，得 $p_j=615\text{kPa}$。

将 $\tau_0=6\text{kPa}$、$b=3\text{mm}$、$r_0=425\text{mm}$、$\gamma_c=7\text{kN/m}^3$ 及 $p=p_j=615\text{kPa}$ 代入(2-19)式，求得

ϕ850 桩的上升高度为 $z=43$m。同理可求得 ϕ600 桩的上升高度为 $z=41$m。这与施工过程中观察到的压浆完成时出现冒浆现象基本相符。

2. 起裂压力与临塑荷载

(1)桩端注浆。土的抗剪强度指标为 $c=10$kPa、$\varphi=25°$，则桩端处的起裂压力与临塑荷载分别为 855kPa、718kPa。

(2)桩侧压浆。土的抗剪强度指标取桩侧土的加权平均值，$c=12$kPa、$\varphi=17°$，则桩侧土的起裂压力与临塑荷载分别为 470kPa、315kPa。

3. 桩端土体与桩侧土体的位移

根据以上数据，桩端土体与桩侧土体在压力作用下均处于弹性状态，则由(2-33)式与(2-62)式计算得 ϕ850 桩端土位移为 12.66mm，桩侧土平均位移为 25mm；浆液在桩侧土中的充填量为 3.02m^3，浆液在桩端土中的充填量为 0.007m^3，施工实际用量为 3.53m^3，充填量占 86%。同理计算得 ϕ600 桩端土位移为 8.6mm，桩侧土平均位移为 13.76mm；浆液在桩侧土中的充填量为 1.19m^3，浆液在桩端土中的充填量为 0.002 4m^3，施工实际用量为 1.41～1.59m^3，充填量占 75%～84%。

对 ϕ600 桩浆液在桩侧引起的平均法向应力为 307.5kPa，与初始法向应力相比，增量为 31%。

对 ϕ800 桩浆液在桩侧引起的平均法向应力为 312kPa，与初始法向应力相比，增量为 32.7%。

4. 影响摩阻力的因素分析

根据桩周摩擦力表达式 $Q_{su}=\pi d\sum q_{su}\cdot l_i$ 及摩阻力表达式 $q_{su}=\sigma_h'\cdot\tan\delta$，影响摩阻力的主要因素为桩径、法向有效应力 σ_h' 和摩擦角 δ。

由上述计算结果，ϕ600 和 ϕ800 桩径增大幅度分别为 4.6% 和 5.9%，法向应力增量分别为 31% 和 32.7%。

摩擦角 δ 在压浆后必然有一定程度的提高。压浆前，桩土间存在一层泥皮，滑动面往往在泥皮内，摩擦角很小；压浆后，浆液固结了泥皮并对桩周土进行挤压，使其产生再固结，固结后的桩土结合很紧密，滑动面发生在桩周土中，摩擦角增大，若泥皮层的 δ 值取场地淤泥质土的内摩擦角 $\varphi=11°$，压浆后桩周土的 δ 值取场地内黏土的内摩擦角 $\varphi=15°$，则 $\tan\delta$ 的增量为 38%。

综合上述计算结果，ϕ600 和 ϕ800 桩的承载力增量分别为 80.8% 和 83%，而根据实测结果，ϕ600 和 ϕ800 桩的承载力增量分别为 87% 和 85%。计算值与实测值比较接近。

根据计算，本工程施工所用的压力不足以使土体产生劈裂，但这并不意味着没有劈裂现象，由于土体总是存在软弱面，在施工压力作用下浆液沿软弱面产生劈裂是可能的，但范围不会太大，这一点可由浆液充填率达 75%～86% 来说明。

6.4 后压浆技术在嵌岩桩中的应用

6.4.1 工程概况

某建筑由26层住宅楼和裙楼组成，剪力墙结构，场地地层分布如下：①杂填土；②淤泥质粉质黏土，流塑，层厚3.3～6.1m；③-1粉砂夹粉土，松散，层厚1.3～5.1m；③-2粉砂，稍密，层厚2.0～4.9m；③-3粉砂，中密，层厚3.1～8.0m；③-4粉砂，中密，4.0～12.5m；③-5粉砂，密实，13.6～19.1m；④砾卵石夹中粗砂，密实，0.8～2m；⑤-1强风化泥岩，0.7～2m；⑤-2中风化泥岩，顶板埋深45～48m。

该工程考虑到土层特点，为满足上部结构对荷载的要求，设计院选择了嵌岩桩辅以后压浆技术，嵌岩深度为嵌入中风化泥岩1倍桩径，桩径为700mm、800mm、900mm三种类型。压浆管采用两种布置方式：①端压加侧压，各两根注浆管；②侧压，三根注浆管错开布置，上两根位于砂层，最下一根位于强风化泥岩顶面。混凝土强度等级为C35。

6.4.2 桩检测结果

该工程对六根桩分别做了高应变和静载荷试验，试验结果见表6-7、表6-8。

表6-7　静载荷试验结果

桩号	桩径/m	桩长/m	桩的长径比	压浆方式	最大加载量/kN	沉降量/mm
SZ1	0.7	48.2	68.9	侧压	8 100	10.68
SZ2		47.5	67.9			18.25
SZ3		46.9	67.0	侧压、端压		13.57
SZ4		46.7	66.7		8 550	14.55
Z1	0.8	42.7	53.4	侧压	9 580	20.03
Z2	0.9	42	46.7		10 690	24.93

表6-8　高应变试验结果

桩号	桩径/m	桩侧摩阻力/kN	桩端阻力/kN	极限承载力/kN	$\frac{端阻}{总荷载}$/%
SZ1	0.7	7 451	1 736	9 187	18.9
SZ2		7 344	1 582	8 926	17.7
SZ3		7 223	1 390	8 613	16.1
SZ4		7 274	1 568	8 842	17.7
Z1	0.8	—	—	10 125	—
Z2	0.9	—	—	11 230	—

6.4.3　试验结果分析

根据场地地层条件及设计参数，并参照相似地质条件试桩的静载荷试验资料，推断出本场地钻孔灌注桩在未压浆情况下的极限承载力，其与本工程试验结果的对比见表6-9。由表6-9可得出以下规律。

表6-9　后压浆对桩承载力的影响

桩径/m	参数	未压浆的数值	压浆后的数值	提高幅度/%
0.7	侧阻平均值/kPa	61.7	81.26	31.75
	端阻/kPa	3 600	4 079	13.30
	极限承载力/kN	6 876	8 892	29.30
	端阻比值/%	19.22	17.60	−18.90
0.8	侧阻平均值/kPa	62		
	端阻/kPa	3 600		
	极限承载力/kN	8 458	10 125	19.70
	端阻比值/%	21.4		
0.9	侧阻平均值/kPa	62		
	端阻/kPa	3 600		
	极限承载力/kN	9 648	11 230	16.30
	端阻比值/%	23.70		

(1)压浆后，端阻在总荷载中所占比例比未压浆的桩有所降低，即压浆后摩阻力在总荷载中所占比例提高，摩擦桩特性更明显。随桩的长径比减小，端阻所占比例增大，但极限承载力提高幅度减小。

(2)从侧阻和端阻的数值来看，压浆后桩周土摩阻力的提高幅度远比端阻的提高幅度要大。

(3)侧压与端压工艺对极限承载力和端阻所占比例的影响并未表现出明显差异。

由上述规律，本工程承载力的提高，主要来源于侧阻力的提高，无论侧压还是端压均表现出相似的规律，即注入的水泥浆顺着桩土(岩)界面运动，对桩周土体存在多种加固作用，使桩周土抗剪强度提高，压缩模量增大，从而表现为桩侧摩阻力的提高。对嵌岩段，由于水泥浆会顺着软弱面流动，侧压或端压都会起到固结孔底沉渣和破坏桩侧泥皮的作用。沉渣与水泥浆形成的混合物的强度一般介于桩身强度与泥岩之间，该混合物起着传递荷载的作用，由于不存在沉渣这个“软垫”，使桩端阻力发挥程度提高。但本工程上覆土层较厚，桩的长径比大，非嵌岩段承担的荷载大，且压浆后桩周土体刚度提高，使总摩阻力占总荷载的比例增大。另外，随桩的长径比减小，桩的压缩量变小，桩侧摩阻力相应减小，使端阻所占比率有所提高。对嵌岩段来说，压浆对嵌岩段的影响主要在于消除了施工因素的影响，使端阻发挥程度提高，桩的质量稳定，沉降小，而未压浆的钻孔灌注桩受施工因素影响，一般承载力差别较大，质量不稳定。同时，由于采用后压浆技术可减少嵌岩深度，有利于缩短工期。

第七章　后压浆钻孔灌注桩的设计理论和计算方法

7.1　现有的计算方法

不少单位和学者提出了自己后压浆承载力计算公式。目前，承载力计算公式有两类：一类是在传统的钻孔灌注桩承载力计算公式的基础上乘以调整系数，系数一般是根据工程实例总结出的经验系数。另一类是认为压浆后在桩端形成扩大头模型，按扩底桩或变径桩计算承载力。

7.1.1　建规修正公式

$$Q_{uk} = Q_{sk1} + Q_{sk2} + Q_{pk} = U\sum q_{ski}L_i + (U\sum \xi_{si}q_{ski}L_i + \xi_p q_{pk}A_p)\lambda_g \qquad (7-1)$$

式中：Q_{uk}——单桩极限承载力，kN；

Q_{sk1}、Q_{sk2}——上部未压浆段侧阻力和桩端压浆上返段侧阻力，kPa；

Q_{pk}——压浆后桩端阻力，kPa；

q_{ski}、q_{pk}——极限侧阻力和端阻力，按《建筑桩基设计规范》(JGJ94—94)取值，kPa；

L_i——桩侧的第 i 层土厚度，m；

U、A_p——桩身周长和桩端面积，m，m^2；

ξ_{si}——侧阻力增强系数，对于桩底单一压浆情况，侧阻力的增强范围取桩端以上 10～20m，黏性土、粉土取高值，砂土取低值，ξ_{si} 按表 7-1 取值；

ξ_p——桩端增强系数，按表 7-1 取值；

λ_g——压浆量修正系数，λ_g=实际压浆量/合理压浆量，取 $\lambda_g \leqslant 1.0$。

表 7-1　侧阻力增强系数 ξ_{si}，端阻力增强系数 ξ_p

土层名称	黏性土、粉土	粉砂、细砂	中砂	粗砂、砾砂
ξ_{si}	1.6	1.6	1.8	2.0
ξ_p	1.6	2.0	2.8	3.2

式(7-1)是在《建筑桩基设计规范》(JGJ94—94)计算钻孔灌注桩单桩极限承载力的基础上乘系数进行修正的。式中压浆量对承载力的影响是通过 λ_g 来反映的。

参数的取值须在积累大量实测数据的基础上总结获得。提供数值的可靠性还须在实际中检验。

7.1.2 扩大头模型简化公式

为计算方便，认为桩底压浆在桩端形成一定形状的结石体，其中具有代表性的近似取其形状为三维增长 r 值后的圆柱体，即

$$V=\frac{\pi}{4}(d+2r)^2(h+r) \tag{7-2}$$

式中：V——压入水泥浆量，m^3；

d——钻孔灌注桩设计直径，m；

h——灌浆管底至钻孔底的高度，m。

通过式(7-2)可计算出增长值 r，则压浆后的桩底受压扩大面积(m^2)为

$$A'=\frac{\pi}{4}(d+2r)^2 \tag{7-3}$$

由《公路桥涵地基与基础设计规范》(JTJ024—85)，钻孔灌注桩单桩极限承载力$[p]$为

$$[p]=UL\tau_p+A\sigma_R \tag{7-4}$$

则压浆后单桩极限承载力$[p']$为

$$[p']=UL'\tau_p+A'\sigma_R' \tag{7-5}$$

式中：U——桩的周长，m；

L'——实际桩长，m；

τ_p——桩侧土的加权平均极限摩阻力，kPa；

A'——采用压浆后扩大的桩底受压面积，m^2；

σ_R'——压浆时的最大压力，kPa。

式(7-5)几何概念明确，便于理解和应用。

但该公式存在下面问题。

(1)式(7-5)没有考虑压浆后桩侧摩阻力的提高。

(2)式(7-5)认为，压浆后在桩端形成水泥石结实体。式(7-3)中算出的扩大头是由纯水泥浆结石体组成，与实际情况不符。桩底压浆，当桩端土层为粗颗粒土时，形成扩大头，且桩端扩大头是水泥浆液与土混合后形成的水泥土结石体，非纯水泥浆结石体；当桩端土层为细颗粒土时，浆液在土层中起劈裂加筋作用，无明显扩大头形成。

(3)承载力中桩端部分是由桩端扩大头面积与压浆时的最大压力相乘。而压浆时的最大压力与压浆管的直径、压浆时流量、浆液的性质等因素有关，故按式(7-5)计算出的单桩极限承载力有很大的随机性。

7.1.3 Gouvenot 和 Gabaix 公式

Gouvenot 和 Gabaix 给出的桩底压浆单桩竖向极限承载力为

$$\frac{p_{cr}}{p_0}=K\sqrt{\frac{V+V_p}{V_0+V_p}} \tag{7-6}$$

式中：p_{cr}——后压浆桩的轴向极限承载力，kN；

p_0——常规桩的轴向极限承载力，kN；

V——压浆量，m^3；

V_p——桩的体积，m^3；

V_0——自重压浆量，即压浆开始时的填充量，m^3；

K——比例系数，对砂土和黏性土取2～3。

式(7-6)是Gouvenot和Gabaix根据不同场地、不同桩底持力层的现场试验结果所归纳出的估算桩底压浆钻孔灌注桩竖向极限承载力经验公式。

此公式为经验公式，无明确几何意义，系数取值受人为因素影响大，且对浆液的配合比没作限制，实际设计过程中随意性大。

7.2　后压浆钻孔灌注桩的设计理论

与普通钻孔灌注桩相同，压浆后钻孔灌注桩的承载力是由端承力和桩侧摩阻力构成。根据有关试验研究结果，端阻力的提高有助于侧阻力的提高，但目前还无法建立两者之间的关系，故在进行承载力计算时不考虑两者的相互影响。

根据钻孔桩的极限承载力计算公式，只要确定了压浆后各层土的摩阻力及端阻力，就可计算出压浆后钻孔灌注桩的极限承载力。

根据后压浆作用原理，压浆后钻孔灌注桩的侧阻力的计算流程见图7-1。

桩端阻力的计算分两种：①强渗透性土层。可根据宾汉流体的球面扩散公式由浆液量计算浆液扩散半径，再将彼此搭接的由浆液充填的球体等效为一圆柱体。按圆柱体底面积来计算桩端阻力。②中低渗透性土层。根据压浆参数计算桩端加固区的范围，即塑性区半径，由加固区强度和尺寸来确定桩端阻力。但该方法存在一个较大的问题，即加固区的强度不好确定。故在确定该类土层端阻力时，还必须依靠实测资料，借助统计数据进行计算。

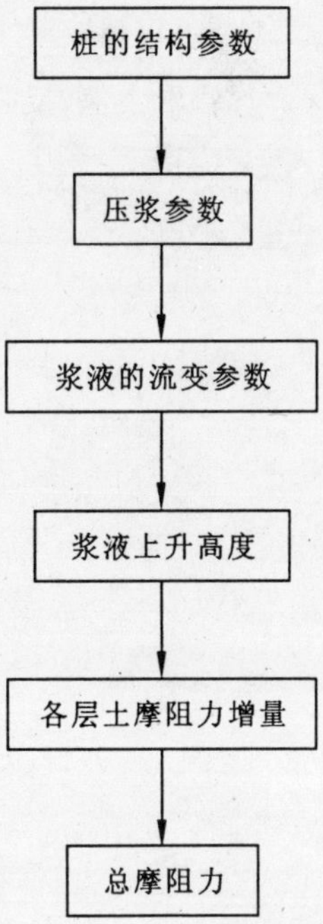

图7-1　侧阻力的计算流程

7.3　计算方法的改进

以下按《公路桥涵地基与基础设计规范》(JTJ024—85)进行介绍。

1. 强渗透性土层

对强渗透性土层可按上述设计思路对端阻力进行计算，由于渗透性强，不考虑压浆对侧阻力的影响。其计算公式为

$$p'=UL\tau_p+A_d'\cdot\sigma_R \tag{7-7}$$

式中：A_d'——压浆后桩端等效圆柱体面积，m^2；

σ_R——桩端阻力，kPa。取式(4-2)中 $m_0=1$。

2. 中低渗透性土层

对中低渗透性土层，若按上述设计思路进行计算比较复杂。为便于分析，取不同的参数进行计算，并参照大直径桩的检测结果，对计算公式简化如下

$$p'=U(L_1\cdot\tau_p+L_2\cdot\tau_p')+A\cdot\sigma_R' \tag{7-8}$$

式中：L_1、τ_p——浆液加固区以外的桩长和摩阻力；

L_2——浆液上升高度，当出口压力为 0.5～1.0MPa 时，$L_2=15\sim20$m，当出口压力为 1.0～1.5MPa 时，$L_2=20\sim30$m；

τ_p'——浆液上升范围内桩身摩阻力，$\tau_p'=1.3\sim2.0\tau_p$；

σ_R'——压浆后的桩端阻力，按下式计算

$$\sigma_R'=2\beta\cdot\lambda\{[\sigma_0]+k_2\lambda_2(h-3)\} \tag{7-9}$$

式中：β——端阻增强系数，对黏性土时取 $\beta=1$；对无黏性土时取 $\beta=2\sim3$，渗透性越强，压力越高，取大值；反之，取小值。

参考文献

白云,侯学渊．软土地基劈裂注浆加固的机理和应用[J]. 岩土工程学报,1991,13(2)

池跃君,韩庆华等．超长桩承载特性的数值拟合[J]. 工程力学,2001,18(2)

《地基处理手册》编写组．地基处理手册．北京:中国建筑工业出版社,1995

傅文洵,王清友．压力注浆桩模型试验研究．北京水利,1996(6)

傅旭东,于志强,赵善镜．钻孔桩桩底、桩侧后压力灌浆试验[J]. 工业建筑,2000, 30(4): 45～49

傅旭东．钻孔灌注桩桩底压力灌浆的工艺、效果及机理[J]. 桥梁建设, 1999(1):52～55

高文生．后压浆灌注桩单桩模型试验的研究[J]. 建筑科学,1998,14(5):23～26

何尧,张辉等．浅谈劈裂灌浆压力控制[J]. 广东水利水电,1998(增刊)

胡春林,李向东,吴朝辉．后压浆钻孔灌注桩单桩竖向承载力特性研究[J]. 岩石力学与工程学报,2001,20(4): 546～550

胡庆立,张克绪．竖向荷载作用下单桩荷载-沉降曲线及参数研究．哈尔滨建筑大学学报,2001,34(4)

黄春华．裂隙灌浆宾汉流体扩散能力研究．广东水利水电,1997(2)

黄生根,曹辉．超长钻孔灌注桩应用后压浆技术的效果分析[J]. 建筑技术,1999,30(3):178～181

黄生根,曹辉．后压浆对钻孔灌注桩承载特性的影响[J]. 建筑技术,2002, 33(3):200～201

黄生根,曹辉．嵌岩桩与后压浆技术[J]. 探矿工程,2001(增刊),42～44

黄生根,曹辉．软土地基中应用后压浆技术的机理研究[J]. 岩土工程技术,2002(1): 36～39

黄生根,龚维明．超长大直径桩压浆后的承载性能研究．岩土工程学报,2006(1)

黄生根,龚维明．苏通大桥一期超长大直径试桩承载特性分析．岩石力学与工程学报,2004(19)

黄生根,张晓炜,曹辉．后压浆钻孔灌注桩的荷载传递机理研究[J]. 岩土力学,2004,25(2): 251～254

黄生根．大直径超长桩压浆后承载性能的试验研究及有限元分析．岩土力学,2007,28(2)

黄生根．桩端压浆对超长大直径桩侧阻力的影响研究．岩土力学,2006(5)

黄生根．钻孔灌注桩压浆后浆液沿桩侧上升高度及其对桩周土的作用方式研究．岩土力学,2006,27

黄生根等．超长大直径桥桩的压浆效果研究．公路交通科技,2004(5)

李兆敏,王渊,张琪．宾汉流体在环空中流动时的速度分布规律．石油学报,2002(2)

刘金砺,祝经成．泥浆护壁灌注桩后压浆技术及其应用[J]. 建筑科学, 1996(2):13～18

刘金砺,祝经成．泥浆护壁灌注桩桩端后压浆新技术的工程应用实例分析[J]. 建筑科学,

1996(3)：13～18

刘利民，舒翔，能巨华．桩基工程的理论进展与工程实践[M]．北京：中国建材工业出版社，2002.279～283

钱家欢，殷宗泽．土工原理与计算(第二版)．北京：中国水利水电出版社，1996

沈保汉．桩端压力注浆效果分析．岩土工程界，2001(8)

陶兴文．上海地区钻孔灌注桩后压浆技术的设计与施工[J]．探矿工程，2001(4)：35～36，38

王广国，杜明芳．压密注浆机理研究及效果检验[J]．岩石力学与工程学报，2000，19(6)

王旭，于志强．桩底压密灌浆技术提高钻孔灌注桩承载力[J]．建筑结构，1998(11)：6～8

吴益民，张雁等．后压浆泥浆护壁灌注桩技术应用研究[J]．武汉水利电力大学学报，1998，31(5)

《岩土注浆理论与工程实例》协作组．岩土注浆理论与工程实例．北京：科学出版社，2001

叶平，李华等．用压力注浆提高超长灌注桩的单桩承载力试验研究．建筑结构，1997(4)

袁勇，孙钧．岩体工程优化反演的目标函数[J]．岩土工程学报，1994，16(2)

宰金珉，宰金璋．高层建筑基础分析与设计．北京：中国建筑工业出版社，1994

曾友金，张为民．超长单桩的荷载传递分析．水利水运工程学报，2002(1)

张尚根，温小清．桩底后压浆桩荷载传递机理有限元数值模拟[J]．建筑技术开发，2004，131(6)

张在明．关于后压浆桩桩端压力确定方法的研究[J]．工程勘察，2001(6)：5～7

张忠苗，吴世明，包风．钻孔灌注桩桩底后注浆机理与应用研究[J]．岩土工程学报，1996，21(6)：681～686

郑颖人，龚晓南．岩土塑性力学基础．北京：中国建筑工业出版社，1989.9

祝经成．灌注桩桩端压浆结合超声波检测技术[J]．施工技术，1995(9)：23～24

《桩基工程手册》编写委员会．桩基工程手册．北京：中国建筑工业出版社，1995

Boleslaw A. Klosinski, Czeslaw Szymankiewicz, Dariusz Petyniak. *Drilled Piers with Base Preloading by Grouting*[R]. Proceedings of the 20th Annual Members'Conference, 1995, Charleston, SC, (DFI)

Bolognesi A. J. L., Moretto O.. *Stage grouting perloading of large piles on sand*[R]. Proc. 8th ICSMFE, Moscow, 1973. 19～25

Bruce D. A.. *Enhancing the performance of large diameter piles by grouting*[J]. *Grouting Engineering*, 1985(6): 11～19

Bruce D. A.. *Enhancing the performance of large diameter piles by grouting*[J]. *Grouting Engineering*, 1985(5): 9～15

Fleming W. G. K.. *The Improvement of Pile Performance by Base Grouting*[J]. In: *Proc. Instn. Civ. Engrs*, 1993(8): 88～93

Hackmet A. Joer, Mark F. Randolph. *Capacity of model grouted piles in calcareous sediments*[R]. Proceedings-Seventh International Conference & Exhibition on Piling and Deep Foundations, 1998, Vienna, Austria, (DFI)

Krubasik K. Ma. *β nahmen zun Tragkrfterhohung an Gro β bohrpfalen*[J]. *Baumashine Bautechnik*, 1985(7,8)

Littlechild B. D. , Plumbridge G. D. , Fre M. W. . *Shaft grouted piles in sand and clay in Bangkok*[R]. *Proceedings-Seventh International Conference* & *Exhibition on Piling and Deep Foundations*, 1998, Vienna, Austria, (DFI)

Poulos H. G. . *Pile behavior-theory and application*[J]. *Geotechnique*, 1989,39(3)

Randolph M. F. , Worth C. P. . *Analysis of deformation of vertically loaded piles*[J]. *Journal of the Geotechnical Engineering Division*, ASCE, 1978, 104

Schnitter G. . *A new type of pile foundation*[J]. *Schweizerische -Bauzeitung*[J]. 1961 (2):13 ~19

Simek J. , Verfel J. , Sedlecky O. , Ocenasek J. , Holousova T. . *Improvement of the pile bearing capacity*[R]. Proceedings of the International Conference on Soil Mechanics and Foundation Engineering, 1989(2):1031~1034

Stocker M. F. . *The influence of post grouting on the load bearing capacity of bored piles* [R]. Proc. 8th European Conference on Soil Mechanics and Foundation Engineering, Helsiniki, 1983. 2~12

Troughton V. M. , Stocker. M. *Base and shaft grouted piles*[J]. *Proc. Instn. Civ. Engrs*, 1996(6):186~192